天然气工程技术培训丛书

采 气 仪 表

《采气仪表》编写组 编

石油工业出版社

内 容 提 要

　　天然气计量是一门综合性的科学，涉及面广，影响因素多。本书重点介绍了天然气计量的法律法规、计量参数测量仪表、流量测量及计算，注重理论与实践的结合，在全面介绍天然气计量相关的各种技术知识的同时，强调了这些技术在生产实际中的运用，形成天然气计量管理人员必备的知识管理体系。

　　本书主要适用于天然气计量专业人员的岗位培训，也可供其他相关专业技术人员参考。

图书在版编目（CIP）数据

　　采气仪表 /《采气仪表》编写组编. —北京：石油工业出版社，2017.11

　　（天然气工程技术培训丛书）

　　ISBN 978-7-5183-2118-6

　　Ⅰ. ①采…　Ⅱ. ①采…　Ⅲ. ①采气-仪表装置-技术培训-教材

Ⅳ. ①TE37

　　中国版本图书馆 CIP 数据核字（2017）第 222482 号

出版发行：石油工业出版社
　　　　　（北京安定门外安华里 2 区 1 号　100011）
　　网　　址：www. petropub. com
　　编辑部：（010）64256770
　　图书营销中心：（010）64523633
经　　销：全国新华书店
印　　刷：北京晨旭印刷厂

2017 年 11 月第 1 版　2017 年 11 月第 1 次印刷
787×1092 毫米　　开本：1/16　印张：11.5
字数：260 千字

定价：41.00 元

《采气仪表》编写组

主　　编：杨惠明

副 主 编：李晓洲

成　　员：冉　莉　张建刚　李　欢　陈智勇　范劲松

　　　　　郑　静　侯飞燕　代志军　曹　辉　何大凤

　　　　　杨晓利　谭　红

序

川渝地区是世界上最早开发利用天然气的地区。作为我国天然气工业基地，西南油气田经过近 60 年的勘探开发实践，在率先建成以天然气为主的千万吨级大气田的基础上，正向着建设 $300 \times 10^8 m^3$ 战略大气区快速迈进。在生产快速发展的同时，油气田也积累了丰富的勘探开发经验，形成了一整套完整的气田开发理论、技术和方法。

随着四川盆地天然气勘探开发的不断深入，低品质、复杂性气藏越来越多，开发技术要求随之越来越高。为了适应新形势、新任务、新要求，油气田针对以往天然气工程技术培训教材零散、不够系统、内容不丰富等问题，在 2013 年全面启动了《天然气工程技术培训丛书》的编纂工作，旨在以书载道、书以育人，着力提升员工队伍素质，大力推进人才强企战略。

历时 3 年有余，丛书即将付梓。本套教材具有以下三个特点：

一是系统性。围绕天然气开发全过程，丛书共分 9 册，其中专业技术类 3 册，涵盖了气藏、采气、地面"三大工程"；操作技能类 6 册，包括了天然气增压、脱水、采气仪表、油气水分析化验、油气井测试、管道保护，编纂思路清晰、内容全面系统。

二是专业性。丛书既系统集成了在生产实践中形成的特色技术、典型经验，还择要收录了当今前沿理论、领先标准和最新成果。其中，操作技能类各分册在业内系首次编撰。

三是实用性。按照"由专家制定大纲、按大纲选编丛书、用丛书指导培训"的思路，分专业分岗位组织编纂，侧重于天然气生产现场应用，既有较强的专业理论作指导，又有大量的操作规程、实用案例作支撑，便于员工在学习中理论与实践有机结合、融会贯通。

本套丛书是西南油气田在长期现场生产实践中的技术总结和经验积累，既可作为技术人员、操作员工自学、培训的教科书，也可作为指导一线生产工作的工具书。希望这套丛书可以为技术人员、一线员工提升技术素质和综合技术能力、应对生产现场技术需求提供好的思路和方法。

谨向参与丛书编著与出版的各位专家、技术人员、工作人员致以衷心的感谢！

2017 年 2 月·成都

前　　言

天然气作为清洁能源和优质化工原料，对国民经济的发展和环境大气质量的保护都正在发挥着越来越重要的作用。就当前全世界普遍关注的能源和环境保护两大主题而言，21世纪将是天然气的世纪。在天然气开采、集输、外销过程中计量尤其重要，是气藏分析和运销过程的依据。为了适应天然气工业迅速发展、提高天然气开发技术技能队伍整体素质，按照建成中国天然气工业基地的要求，丛书编委会及编写组共同编著了《天然气工程技术培训丛书》，其中操作类包括《天然气增压》《天然气脱水》《油气井测试》《管道保护》《采气仪表》《油气水分析化验及环境节能监测》。

《采气仪表》是一本关于天然气计量知识的培训书籍。天然气计量是一门综合性的科学，涉及面广，影响因素多，天然气计量的现场操作直接影响计量的准确性。本书重点介绍了天然气计量的法律法规、计量参数测量仪表及流量计算，注重理论与实践的结合，在全面介绍天然气计量相关的各种技术知识的同时，强调了这些技术在生产实际中的运用。本书共六章，主要包括天然气基础知识、计量基础知识、天然气测量仪表和控制系统、计量维护工用器具、天然气测量仪表维护和计量检定等内容。

《采气仪表》由杨惠明担任主编，由李晓洲担任副主编。全书由前言和相对独立的六章组成。前言、第二章、参考文献由杨惠明、杨晓利编写；第一章、第二章由冉莉、谭红编写；第三章由张建刚、李欢、陈智勇编写；第四章由范劲松、李晓洲编写；第五章由郑静、侯飞燕、代志军、曹辉、杨晓利编写；第六章由何大凤、李晓洲编写。

《采气仪表》由钟国春任主审，参与审查的人员有邵天祥、李山凤、曾维英、贺文广、张晓彬、何蓉、江明、江霞、谢敏励、诸宗秀等。

在《采气仪表》编写过程中得到许多专家的指导、支持和帮助。在此，谨向所有提供指导、支持与帮助的有关同志表示诚挚的谢意！

鉴于编者水平有限，书中难免有不当之处，诚望广大读者批评指正。

《采气仪表》编写组

2016 年 12 月

目　　录

第一章

天然气基础知识

　　天然气是埋藏在地下的生物有机体经过漫长的地质年代和复杂的转化过程生成的蕴藏在地层中的可燃性气体。天然气的主要成分是甲烷（CH_4），是一种无色无味无毒、热值高、燃烧稳定、洁净环保的优质能源。

　　作为一种优质、高效的清洁能源，天然气在多个领域已获得广泛的应用，并且发展前景广阔。天然气作为燃料，它燃烧完全，单位发热量大，燃烧后产物对环境影响小；作为化工原料，它洁净、质优、成本低，可用它生产多种精细化工产品和高附加值产品。

　　我国是天然气资源丰富的国家之一，天然气的利用相对较晚，但近年来，随着我国经济的发展，国家加大了对天然气基础性建设的投资力度，人们对天然气的需求呈上涨趋势。随着人们生活水平的提高，天然气以其清洁、高效、便利的优势条件，将会成为未来能源消耗的主要方式。

　　随着天然气在世界能源结构中所占的比例不断上升，在全球范围内，天然气取代石油的步伐加快，尤其是在东北亚、南亚、东南亚和南美地区，随着其输送管网的建设，天然气将会有更快的发展。天然气将是 21 世纪消费量增长最快的能源，占一次性能源消费的比重将越来越大。

第一节　天然气的组成、分类与性质

一、天然气的组成

天然气是由烃类和非烃类组成的复杂混合物。主要成分为甲烷、乙烷、丙烷、异丁烷、正丁烷、戊烷和微量的重烃及少量非烃类的气体，如氮、硫化氢、二氧化碳、氦气等。

二、天然气的分类

（一）按气体特点分类

天然气按气体特点可分为干气和湿气（贫气和富气）。

1. 干气

一般来说，甲烷含量在 90% 以上的天然气称为干气，也称贫气。

2. 湿气

甲烷含量低于 90%，而乙烷、丙烷等烷烃的含量在 10% 以上的天然气称为湿气，也称富气。

（二）按含硫量分类

天然气按其含硫量可分为净气和酸气。

1. 净气

每立方米天然气中含硫量小于 1g 的天然气称为净气。

2. 酸气

每立方米天然气中含硫量大于 1g 的天然气称为酸气。

三、天然气的主要物理化学性质

（一）密度和相对密度

天然气密度是指天然气的质量与它的体积之比。天然气密度分理想密度和真实密度。

天然气相对密度是指在相同参比条件下，天然气的密度与标准组成的干空气的密度之比。天然气相对密度分理想相对密度和真实相对密度。

天然气理想相对密度定义为：在相同参比条件下天然气的摩尔质量与标准组成的干空气的摩尔质量之比。

天然气真实相对密度定义为：在相同参比条件下天然气密度与干空气的密度之比。

天然气密度和相对密度可以通过测量或计算得到；计算方法参考 GB/T 11062—2014《天然气发热量、密度、相对密度和沃泊指数的计算方法》。

（二）高位发热量

天然气高位发热量：规定量的气体在空气中完全燃烧时所释放出的热量。在燃烧反应发生时，压力 p_1 保持恒定，所有燃烧产物的温度降至与规定的反应物温度 t_1 相同的温度，除燃烧中生成的水在温度下全部冷凝为液态外，其余所有燃烧产物均为气态。计算方法见 GB/T 11062—2014《天然气发热量、密度、相对密度和沃泊指数的计算方法》。

（三）定压比热容和定容比热容

在不发生相变和化学反应的条件下，加热单位质量的物质时，温度升高 1℃ 所吸收的热量，称为该物质的比热容；当加热过程在压力不变的条件下进行时，该过程的比热容称为定压比热容；当加热过程在容积不变的条件下进行时，该过程的比热容称为定容比热容。等熵指数计算需要知道定压比热容和定容比热容，而在孔板流量计测量天然气流量的计算公式中要计算等熵指数。甲烷的定压比热容和定容比热容基本能表征天然气的比热容。

（四）爆炸极限

1. 可燃气体爆炸三要素

可燃气体发生爆炸必须具备一定的条件，即一定浓度的可燃气体，一定量的氧气以及足够热量点燃它们的火源，这就是爆炸三要素，缺一不可，也就是说，缺少其中任何一个条件都不会引起火灾和爆炸。

2. 爆炸极限

当可燃气体和氧气混合并达到一定浓度时，遇到一定温度的火源就会发生爆炸。可燃气体遇火源发生爆炸的极限浓度称为爆炸浓度极限，简称爆炸极限，一般用体积分数（%）表示。

当可燃气体浓度低于 LEL（最低爆炸限度）时（可燃气体浓度不足）和其浓度高于 UEL（最高爆炸限度）时（氧气不足）都不会发生爆炸。不同的可燃气体的 LEL 和 UEL 都各不相同，这一点在标定仪器时要十分注意。

天然气在空气中的爆炸极限（爆炸范围）为5%~15%体积分数，低于5%遇火不会发生爆炸，高于15%遇火会正常燃烧。

为安全起见，可燃气体浓度在最低爆炸限度的10%和20%时发出警报，这里，10% LEL 称作警告警报，而20% LEL 称作危险警报。这也就是将可燃气体检测仪又称作 LEL 检测仪的原因。需要说明的是，LEL 检测仪上显示的100%不是可燃气体的浓度达到100%，而是达到了 LEL 的100%，即相当于可燃气体的最低爆炸下限，如果是甲烷，100%LEL=4%体积分数。

第二节 气体状态方程

一、天然气压缩因子

天然气压缩因子：在规定的压力和温度下，任意质量气体的体积与该气体在相同条件下按理想气体定律计算的气体体积之比值。

$$Z = \frac{V_{m1}}{V_{m2}} \tag{1-1}$$

式中 Z——天然气压缩因子；

V_{m1}——真实天然气的摩尔体积；

V_{m2}——理想天然气的摩尔体积。

由于真实天然气的体积很难得到，因此国际标准化组织发布了一套计算标准，即 ISO 12213，我国等同采用，标准号为 GB/T 17747。利用该标准可以计算天然气压缩因子。

3

二、天然气超压缩系数

天然气超压缩系数：因天然气特性偏离理想气体定律而导出的修正系数。超压缩系数是一个随着压力 p、温度 T 的变化而变化的参数，即：

$$F_Z = f(p, T, \text{天然气的组分})$$

从基本定义来看，天然气的超压缩系数 F_Z 与天然气的压缩因子 Z 没有区别，都是一种修正系数，但其物理意义是不一样的。

$$F_Z = \sqrt{\frac{Z_n}{Z_f}} \tag{1-2}$$

式中　Z_n——天然气在标准参比条件（标准状态）下的压缩因子；

　　　Z_f——天然气在操作状态下的压缩因子。

三、气体的状态方程

理想气体状态方程式在早期的气体特性研究及气体实际应用计算中起到了重要作用。随着工业技术的发展、测量技术的日益提高，发现理想气体状态方程不能准确反映真实气体的 pVT 行为，已不能满足工业应用的需要。从理想气体状态方程到真实气体的状态方程，经历了几个阶段的发展、改进，得到了目前世界各国普遍应用的真实气体的状态方程式：

$$pV = ZnRT \tag{1-3}$$

式中　p——气体的压力（绝压），Pa；

　　　V——气体的体积，m^3；

　　　Z——气体的压缩因子；

　　　n——气体的摩尔数，mol；

　　　R——通用气体常数，$R = 8.314510 \pm 0.000070 J \cdot mol^{-1} \cdot K^{-1}$；

　　　T——热力学温度，K。

对一定摩尔量的天然气，当其压力、温度状态由状态 1 变化为状态 2 时，由方程式(1-3)可以推导出下述的方程式：

$$\frac{p_1 V_1}{Z_1 T_1} = \frac{p_2 V_2}{Z_2 T_2} \tag{1-4}$$

式中　p_1，p_2——气体状态 1、2 的压力（绝压），Pa；

　　　V_1，V_2——气体状态 1、2 的体积，m^3

　　　Z_1，Z_2——气体状态 1、2 的压缩因子，量纲一的量；

　　　T_1，T_2——气体状态 1、2 的热力学温度，K。

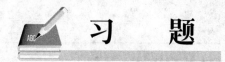

习　题

一、名词解释

天然气　天然气的相对密度　天然气压缩因子

二、简答题

1. 天然气的组成是什么？

2. 天然气按含硫量分类可分为哪两类？

3. 什么是天然气的爆炸极限？天然气的爆炸极限是多少？

4. 什么是天然气压缩因子？

5. 气体状态方程式是什么？

第二章

计量基础知识

计量是实现单位统一、量值准确可靠的活动。计量的概念起源于商品交换，由于人们生活中最早迫切需要测量长度、容量和重量，所以古代称为"度量衡"。春秋战国时期，各诸侯国各行其是导致量值不统一，秦始皇统一六国后为了发展经济，颁布了统一度量衡的诏书，在我国开始了计量的法制管理。

为实现单位统一、量值准确可靠，不仅要有一定的技术手段，还要有相应的法律、法规和行政管理等法制手段。我国计量以《中华人民共和国计量法》（简称《计量法》）为准则，所有的计量活动均应符合其规定。目前，我国已形成了以《计量法》为基本法，若干计量行政法规、规章以及地方性计量法规、规章为配套的计量法律法规体系。

第一节　计量法律、法规

一、计量立法的宗旨和调整范围

（一）计量立法的宗旨

《中华人民共和国计量法》（2013 年修订版）第一条中把计量立法的宗旨高度概括为：为了加强计量监督管理，保障国家计量单位制的统一和量值的准确可靠，促进经济建设、科学技术和社会的发展，维护社会经济秩序和公民、法人或者其他组织的合法利益。

（二）《计量法》的调整范围

任何一部法律法规，都有调整范围。《计量法》第二条说明了计量法适用的地域和调整对象，即在中华人民共和国境内，所有公民、法人和其他组织，凡是建立计量基准、计量标准，标准物质定级，进行计量检定、计量校准，制造、修理、进口、销售、使用计量器具及计量单位，从事计量活动，实行计量监督管理方面所发生的各种法律关系，均为《计量法》适用的范围，都必须按照《计量法》的规定加以调整，不允许随意变更，各行其是。

二、我国计量法规体系的组成

按照审批的权限、程序和法律效力的不同，计量法规体系可分为三个层次：第一层次是法律；第二层次是行政法规；第三层次是规章。此外，按照立法的规定，省、自治区、直辖市及较大城市也可制定地方性计量法规和规章。目前，我国已形成了以《计量法》

为基本法，若干计量行政法规、规章以及地方性计量法规、规章为配套的计量法律法规体系。

（一）计量法律

1985 年 9 月 6 日，第六届全国人民代表大会常务委员会审议通过了《中华人民共和国计量法》。2013 年 12 月 28 日，第十二届全国人民代表大会常务委员会第六次会议对其进行了修订，《中华人民共和国计量法》（2013 年修订版）自 2014 年 3 月 1 日起施行。《计量法》作为国家管理计量工作的基本法，是实施计量监督管理的最高准则。制定和实施《计量法》，是国家完善计量法制、加强计量管理的需要，是我国计量工作全面纳入法制化管理轨道的标志。《计量法》的基本内容：计量立法宗旨、调整范围、计量单位制、计量基准、计量标准和标准物质、计量检定、计量校准、商贸计量、计量技术机构、计量监督和计量法律责任等，共计十章一百三十五条。

（二）计量行政法规

国务院制定（或批准）的计量行政法规主要包括：《中华人民共和国计量法实施细则》《国务院关于在我国统一实行法定计量单位的命令》《全面推行我国法定计量单位的意见》《中华人民共和国强制检定的工作计量器具检定管理办法》等。

（三）计量规章

国务院计量行政部门发布的有关计量规章主要包括：《中华人民共和国法制管理的计量器具目录》《计量基准管理办法》《计量标准考核办法》《标准物质管理办法》《计量检定人员管理办法》《计量检定印、证管理办法》《计量违法行为处罚细则》《仲裁检定和计量调解办法》《商品量计量违法行为处罚规定》《计量授权管理办法》《原油、天然气和稳定轻烃销售交接计量管理规定》等。

此外，一些省、自治区、直辖市也根据需要制定了一批地方性的计量法规和规章。

在我国的计量法律、计量行政法规和计量规章中，对我国计量监督管理体制、法定计量检定机构、计量基准和标准、计量检定、计量器具产品、商品量的计量监督和检验、产品质量检验机构的计量认证等计量工作的法制管理要求，以及计量法律责任都做出了明确的规定。

三、计量检定的法制管理

（一）法制管理计量器具目录

《计量法》第五条规定：国家对用于贸易结算、安全防护、医疗卫生、环境监测、资源保护、法定评价、公正计量方面的计量器具实施法制管理。

国家对法制管理的计量器具实施制造许可制度和计量检定制度。

《中华人民共和国法制管理的计量器具目录》由国务院计量行政主管部门制定并发布实施。

（二）计量器具检定制度

《计量法》第四十七条明确规定：国家对用于贸易结算、安全防护、医疗卫生、环境监测、资源保护、法定评价、公正计量方面并列入《中华人民共和国法制管理的计量器具目录》实施计量检定管理的计量器具，实施计量检定。

国家对进口列入《中华人民共和国法制管理的计量器具目录》实施计量检定管理的计量器具，实施销售前计量检定制度。

（三）计量检定的申请

使用《计量法》第四十七条第一款规定的计量器具的单位或者个人，应当向省级以上人民政府计量行政主管部门授权的计量技术机构申请计量检定。未按照规定申请计量检定、计量检定不合格或者超过计量检定周期的计量器具，不得使用。

进口《计量法》第四十七条第二款规定的计量器具，销售前应当由外商或者其代理商向省级以上人民政府计量行政部门授权的计量技术机构申请计量检定。未按照规定申请计量检定或者检定不合格的计量器具，不得销售。

（四）计量器具修理后的检定

属于《计量法》第四十七条第一款规定的计量器具，修理后应当由使用者按照本法第四十八条第一款的规定，申请修理后检定。未按照规定申请修理后检定或者修理后检定不合格的计量器具，不得使用。

（五）计量检定的依据

计量检定必须执行计量检定系统表和国家计量检定规程。计量检定的周期，由国家计量检定规程确定，并由执行计量检定的计量技术机构告知送检单位。

计量检定系统表和国家计量检定规程，由国务院计量行政主管部门组织制定，并以公告的形式发布实施。

（六）计量检定印、证

执行计量检定的计量技术机构对计量检定合格的计量器具，发给计量检定证书、计量检定合格证或者在计量器具上加盖计量检定合格印；对计量检定不合格的，发给计量检定不合格通知书或者注销原计量检定合格印、证。

（七）计量校准

对《计量法》第四十七条第一款规定以外的其他计量器具，使用者应当自行或者委托其他有资格向社会提供计量校准服务的计量技术机构进行计量校准，保证其量值的溯源性。

第二节　计量单位

一、法定计量单位

《计量法》规定：国家实行统一的法定计量单位制度。

国际单位制计量单位和国家选定的其他计量单位，为国家法定计量单位。国家法定计量单位的名称、符号由国务院计量行政主管部门制定，报国务院批准后发布实施。

法定计量单位使用范围：从事下列活动，需要使用计量单位的，应当使用国家法定计量单位：

（1）制发公文、公报、统计报表；

（2）编播广播、电视节目，传输信息；

（3）出版、发行出版物；

（4）制作、发布广告；

（5）生产、销售产品，标注产品标识，编制产品使用说明书；

（6）印制票据、票证、账册；

（7）出具证书、报告等技术文件；

（8）制作公共服务性标牌、标志；

（9）国家规定应当使用国家法定计量单位的其他活动。

其他特殊需要使用非国家法定计量单位的，按照国家有关规定执行。

二、法定计量单位的构成

《计量法》规定，我国的法定计量单位由国际单位制计量单位和国家选定的其他计量单位组成。包括：国际单位制的基本单位；国际单位制的辅助单位；国际单位制中具有专门名称的导出单位；国家选定的非国际单位制单位；由以上单位构成的组合形式的单位；由国际单位制词头和以上单位所构成的进倍数单位和分数单位。

（一）国际单位制

国际单位制（SI）由 SI 基本单位（7 个）和 SI 导出单位及 SI 单位的倍数单位和分数单位构成。SI 导出单位包括两部分：SI 辅助单位在内的具有专门名称的 SI 导出单位（21个）和组合形式的 SI 导出单位。SI 单位的倍数单位和分数单位由 SI 词头（从 $10^{-24} \sim 10^{24}$ 共 20 个）与 SI 单位（包括 SI 基本单位和 SI 导出单位）构成。

1. SI 基本单位

国际单位制选择了彼此独立的 7 个量作为基本量，即长度、质量、时间、电流、热力学温度、物质的量和发光强度。对每一个量分别定义了一个单位，称为国际单位制的基本单位，SI 基本单位的名称和符号见表 2-1。

表 2-1 SI 基本单位的名称和符号

量的名称	单位名称	单位符号
长度	米	m
质量	千克（公斤）	kg
时间	秒	s
电流	安［培］	A
热力学温度	开［尔文］	K

量的名称	单位名称	单位符号
物质的量	摩［尔］	mol
发光强度	坎［德拉］	cd

注：圆括号中的名称是它前面名称的同义词；方括号［］内的字在不致混淆的情况下，可以省略。

2. SI 导出单位

SI 导出单位由两部分组成，一部分是包括 SI 辅助单位在内的具有专门名称的 SI 导出位（21 个），另一部分是组合形式的 SI 导出单位。

1）具有专门名称的 SI 导出单位

国际单位制中具有专门名称的导出单位见表 2-2。

表 2-2　国际单位制中具有专门名称的导出单位

量的名称	单位名称	单位符号
［平面］角	弧度	rad
立体角	球面度	sr
频率	赫［兹］	Hz
力	牛［顿］	N
压力，压强，应力	帕［斯卡］	Pa
能［量］，功，热量	焦［耳］	J
功率，辐［射能］通量	瓦［特］	W
电荷［量］	库［仑］	C
电压，电动势，电位	伏［特］	V
电容	法［拉］	F
电阻	欧［姆］	Ω
电导	西［门子］	S
磁通［量］	韦［伯］	Wb
磁通［量］密度，磁感应强度	特［斯拉］	T
电感	亨［利］	H
摄氏温度	摄氏度	℃
光通量	流［明］	lm
［光］照度	勒［克斯］	lx
［放射性］活度	贝可［勒尔］	Bq
吸收剂量	戈［瑞］	Gy
剂量当量	希［沃特］	Sv

2）组合形式的 SI 导出单位

除上述由 SI 基本单位组合成具有专门名称的 SI 导出单位外，还有用 SI 基本单位间或 SI 基本单位和具有专门名称的 SI 导出单位的组合通过相乘或相除构成的但没有专门名称的 SI 导出单位，如速度单位 $m \cdot s^{-1}$，加速度单位 $m \cdot s^{-2}$，面积单位为 m^2，体积单位为 m^3，力矩单位 $N \cdot m$，表面张力单位 N/m 等。

3）SI 单位的倍数单位和分数单位

SI 单位的倍数单位和分数单位是由 SI 词头加在 SI 基本单位或 SI 导出单位的前面所构成的单位，如千米（km）、毫伏（mV）、兆帕（MPa）。但千克（kg）除外。SI 词头一共有 20 个，用于构成倍数单位和分数单位的 SI 词头见表 2-3。

表 2-3　倍数单位和分数单位的 SI 词头

因数	词头名称	国际符号	中文符号
10^{24}	尧它	Y	尧［它］
10^{21}	泽它	Z	泽［它］
10^{18}	艾可萨	E	艾［可萨］
10^{15}	拍它	P	拍［它］
10^{12}	太拉	T	太［拉］
10^{9}	吉咖	G	吉［咖］
10^{6}	兆	M	兆
10^{3}	千	k	千
10^{2}	百	h	百
10^{1}	十	da	十
10^{-1}	分	d	分
10^{-2}	厘	c	厘
10^{-3}	毫	m	毫
10^{-6}	微	μ	微
10^{-9}	纳诺	n	纳［诺］
10^{-12}	皮可	p	皮［可］
10^{-15}	飞母托	f	飞［母托］
10^{-18}	阿托	a	阿［托］
10^{-21}	仄普托	z	仄［普托］
10^{-24}	幺科托	y	幺［科托］

注：10^4 称为万，10^8 称为亿，10^{12} 称为万亿，这类数词的使用不受词头名称的影响，但不应与词头混淆。

（二）国家选定的非国际单位制单位

国家选定的非国际单位制单位，共 16 个，见表 2-4。

表 2-4　国家选定的非国际单位制单位

量的名称	单位名称	单位符号	与 SI 单位关系
时间	分	min	$1min = 60s$
	［小］时	h	$1h = 60min = 3600s$
	天（日）	d	$1d = 24h = 86400s$
［平面］角	［角］秒	″	$1'' = (\pi/648000)\,rad$
	［角］分	′	$1' = 60'' = (\pi/10800)\,rad$
	度	°	$1° = 60' = (\pi/180)\,rad$
旋转速度	转每分	r/min	$1r/min = (1/60)\,s^{-1}$

量的名称	单位名称	单位符号	与 SI 单位关系
长度	海里	nmile	$1nmile = 1852m$（只用于航程）
速度	节	kn	$1kn = 1nmile/h = (1852/3600)m/s$（只用于航行）
质量	吨 原子质量单位	t u	$1t = 10^3 kg$ $1u \approx 1.660540 \times 10^{-27} kg$
体积	升	L, (l)	$1L = 1dm^3 = 10^{-3} m^3$
能	电子伏	eV	$1eV \approx 1.602177 \times 10^{-19} J$
级差	分贝	dB	
线密度	特［克斯］	tex	$1tex = 10^{-6} kg/m$
面积	公顷	hm^2	$1hm^2 = 10^4 m^2$

三、法定计量单位的使用

（一）法定计量单位的名称

法定计量单位的名称有全称和简称之分。中华人民共和国法定计量单位所列出的 44 个单位名称（国际单位制的基本单位 7 个、国际单位制中具有专门名称的导出单位 21 个、国家选定的非国际单位制单位 16 个）和用于构成十进倍数单位的词头名称均为单位的全称。在使用时，把其中的方括号内的字省略掉即为该单位的简称。如力的单位全称叫牛顿，简称为牛；电阻单位全称为欧姆，简称为欧。对没有方括号的（即没有简称的）单位名称，就只能用全称。如摄氏温度的单位为摄氏度，不能叫度；立体角的单位为球面度。在不致混淆的场合下，简称等效于它的全称，使用方便。

法定计量单位名称的使用方法如下：

（1）组合单位的中文名称与其符号表示的顺序一致。符号中的乘号没有对应的名称，除号的对应名称为"每"字，无论分母中有几个单位，"每"字只出现一次。

例如：比热容单位的符号是 $J/(kg \cdot K)$，其单位名称是"焦耳每千克开尔文"，而不是"每千克开尔文焦耳"或"焦耳每千克每开尔文"。

（2）乘方形式的单位名称，其顺序应是指数名称在前。相应的指数名称由数字加"次方"二字而成。

例如：断面惯性矩的单位 m^4 的名称为"四次方米"。

（3）如果长度的 2 次幂和 3 次幂分别表示面积和体积时，则相应的指数名称为"平方"和"立方"并置于长度单位之前，否则应称为"二次方"和"三次方"。

例如：体积单位 dm^3 的名称是"立方分米"，而断面系数单位 m^3 的名称是"三次方米"。

（4）书写单位名称时，不加任何表示乘或除的符号或其他符号。

例如：电阻率单位 $\Omega \cdot m$ 的名称为"欧姆米"，而不是"欧姆·米""欧姆—米""［欧姆］［米］"等。

例如：密度单位 kg/m^3 的名称为"千克每立方米"，而不是"千克/立方米"。

（二）法定计量单位和词头的符号

法定计量单位和词头的符号的使用方法如下：

（1）在初中、小学课本和普通书刊中，有必要时，可将单位的简称（包括带有词头的单位简称）作为符号使用，这样的符号称为"中文符号"。

（2）法定计量单位和词头的符号，不论拉丁字母或希腊字母，一律用正体，不加间隔号。

（3）单位符号的字母一般用小写体，若单位名称来源于人名，则其符号的第一个字母用大写体。

例如：时间单位"秒"的符号是 s。

压力、压强的单位"帕斯卡"的符号是 Pa。

（4）词头符号的字母当其所表示的因数小于或等于 10^3 时，一律用小写体，如 10^3 为 k（千）、10^{-1} 为 d（分）、10^{-2} 为 c（厘）；大于或等于 10^6 时用大写体，如 10^6 为 M（兆）、10^9 为 G（吉）等。

（5）由两个以上单位相乘构成的组合单位，其符号有下列两种形式：

$$N \cdot m \qquad Nm$$

若组合单位符号中某单位的符号同时又是某词头的符号，并有可能发生混淆时，则应尽量将它置于右侧。

例如：力矩单位"牛顿米"的符号应写成 Nm，而不宜写成 mN，以免误解为"毫牛顿"。

（6）由两个以上单位相乘所构成的组合单位，其中文符号只用一种形式，即用居中圆点代表乘号。

例如：动力黏度单位"帕斯卡秒"的中文符号是"帕·秒"而不是"帕秒"" ［帕］
［秒］""帕·［秒］""帕—秒""（帕）（秒）""帕斯卡·秒"等。

（7）由两个以上单位相除所构成的组合单位，其符号可用下列三种形式之一：

$$kg/m^3 \qquad kg \cdot m^{-3} \qquad kgm^{-3}$$

当可能发生误解时，应尽量用间隔号（居中圆点）或斜线（/）的形式。

例如：速度单位"米每秒"的符号用 $m \cdot s^{-1}$ 或 m/s，而不宜用 ms^{-1} 以免误解为"每毫秒"。

（8）由两个以上单位相除所构成的组合单位，其中文符号可采用以下两种形式之一：

$$千克/米^3 \qquad 千克 \cdot 米^{-3}$$

（9）在进行运算时，组合单位中的除号可用水平横线表示。

例如：速度单位可以写成 $\left(\dfrac{m}{s}\right)$ 或 $\left(\dfrac{米}{秒}\right)$。

（10）分子无量纲而分母有量纲的组合单位即分子为 1 的组合单位的符号，一般不用分式而用负数幂的形式。

例如：波数单位的符号是 m⁻¹，一般不用 1/m。

（11）在用斜线表示相除时，单位符号的分子和分母都与斜线处于同一行内。当分母中包含两个以上单位符号时，整个分母一般应加圆括号。在一个组合单位的符号中，除加括号避免混淆外，斜线不得多于一条。

例如：热导率单位的符号是 W/（K·m），而不能表示成 W/K·m 或 W/K/m。

（12）词头的符号和单位的符号之间不得有间隙，也不加表示相乘的任何符号。

（13）单位和词头的符号应按其名称或者简称读音，而不得按字母读音。

（14）摄氏温度的单位"摄氏度"的符号℃，可作为中文符号使用，可与其他中文符号构成组合形式的单位。

（三）量值正确表述

（1）使用数字进行计量的场合，应采用阿拉伯数字。当数值伴随有计量单位时，单位的名称或符号要置于整个数值之后，度（°）、百分比（%）应置于每个数值之后。

例如：5kg~7kg 应写成 5~7kg；

642+6mm 应写成（642+6）mm；

±3~5mm 应表示为±（3~5）mm

±0.2~0.5%应表示为±（0.2%~0.5%）

（2）十进制的单位一般在一个量值中只应使用一个单位。

例如：1.81m 不应写成 1m81cm。

对于非十进制的单位，允许在一个量值中使用几个单位。

例如：可以写 28037′11″或 3h45min15s。

（3）选用 SI 单位的倍数单位或分数单位时，一般应使数值处于 0.1~1000 范围内。

例如：$1.2×10^4 N$，应写成 12kN；

0.00394m 应写成 3.94mm；

11401Pa 应写成 11.401kPa；

$3.1×10^{-8} s$ 可写成 31ns。

某些场合习惯使用的单位可以不受上述限制。

例如：大部分机械制图使用的长度单位用"mm（毫米）"；导线截面积使用的面积单位可以用"mm^2（平方毫米）"。

在同一量的数值表中或叙述同一量的文字中，为对照方便而使用相同的单位时，数值不受限制。

（四）部分非法定计量单位与法定计量单位的换算举例

过去较为常用的部分非法定计量单位与法定计量单位的换算举例见表 2-5。

表 2-5　过去较为常用的部分非法定计量单位与法定计量单位的换算举例

量的名称	非法定计量单位	法定计量单位	换算关系
面积	英亩	m^2（平方米）	1 英亩 = 4046.86m²
	［市］亩	m^2	1［市］亩 = 666.7m²

续表

量的名称	非法定计量单位	法定计量单位	换算关系
长度	光年	m（米）	1 光年 = 9.46053×10¹⁵m
	码（yd）	m	1yd = 0.9144m
	英尺（ft）	m	1ft = 0.3048m
	英寸（in）	m	1in = 0.0254m
	英里（mile）	m	1mile = 1609.344m
	［市］里	m	1［市］里 = 500m
	丈	m	1 丈 ≈ 3.3m
	［市］尺	m	1［市］尺 ≈ 0.33m
	［市］寸	m	1［市］寸 ≈ 0.033m
体积、容积	石	L（升）	1 石 = 100L
	英加仑（UKgal）	L	1UKgal = 4.54609L
	美加仑（USgal）	L	1USgal = 3.78541L
	美（石油）桶（bbl）	L	1bbl = 158.987L
质量（重量）	公担（q）	kg（千克）	1q = 100kg
	磅（lb）	kg	1lb = 0.45359237kg
	克拉、米制克拉（k）	kg	1k = 2×10⁻⁴kg
	盎司（oz）（常衡）	g（克）	1oz（常衡）= 28.3495g
	盎司（oz）（药衡）	g	1oz（药衡）= 31.1035g
	盎司（oz）（金衡）	g	1oz（金衡）= 31.1035g
力	千克力，公斤力（kgf）	N（牛）	1kgf = 9.80665N
	磅力（lbf）	N	1lbf = 4.44822N
	吨力（tf）	N	1tf = 9806.65N
加速度	伽（Gal）	m/s²（米/秒²）	1Gal = 10⁻²m/s²
	标准重力加速度（g_n）	m/s²	1g_n = 9.80665m/s²
压力	巴（bar）	Pa（帕）	1bar = 10⁵Pa
	千克力每平方米（kgf/m²）	Pa	1kgf/m² = 9.80665Pa
	毫米水柱（mmH$_2$O）	Pa	1mmH$_2$O = 9.80665Pa
	毫米汞柱（mmHg）	Pa	1mmHg = 133.322Pa
	工程大气压（at）	Pa	1at = 98066.5Pa
	标准大气压（atm）	Pa	1atm = 101325Pa
功、能、热	千瓦时（kW·h）	J（焦）	1kW·h = 3.6MJ
	千克力米（kgf·m）	J	1kgf·m = 9.80665J
	大卡、千卡	J	1 大卡 = 4186.8J
	马力小时	J	1 马力小时 = 2.64779×10⁶J
功率	马力	W（瓦）	1 马力 = 735.499W
	伏安（V·A）	W	1V·A = 1W
温度、温差	华氏度（⁰F）	℃（摄氏度）	1⁰F =（5/9）℃

（五）应废除的和错误的或不恰当的计量单位举例

应废除的计量单位与法定计量单位的换算举例见表2-6。

错误或不恰当的计量单位举例见表2-7。

表2-6　应废除的计量单位与法定计量单位的换算举例

量的名称	应废除的单位名称	应废除的单位符号	用法定计量单位表示及换算关系
长度	公尺		1公尺=1m
	公分		1公分=1cm
	[市]里		1[市]里=1/2km=500m
	丈		1丈=10/3m≈3.3m
	[市]尺		1尺=1/3m≈0.3m
	[市]寸		1寸=1/30m≈0.03m
	[市]分		1分=1/300m≈0.003m
	码	yd	1yd=91.44cm
	英尺	ft	1ft=30.48cm
	英寸	in	1in=2.54cm
质量（重量）	[市]斤		1斤=1/2kg=500g
	[市]两		1两=50g
	[市]钱		1钱=5g
	磅	lb	1lb=453.59g
	[米制]克拉		1克拉=200mg
	盎司（常衡）	oz	1oz（常衡）=28.349g
	盎司（药衡、金衡）	oz	1oz（药衡、金衡）=31.103g
力	千克力（公斤力）	kgf	1kgf=9.80665N
压力（压强、应力）	标准大气压	atm	1atm=1.01325×10^5Pa
	工程大气压	at	1at=9.80665×10^4Pa
	毫米汞柱	mmHg	1mmHg=1.333224×10^2Pa
	毫米水柱	mmH$_2$O	1mmH$_2$O=9.80638Pa
	巴	bar	1bar=1×10^5Pa
重力加速度	伽	Gal	1Gal=1cm/s^2
功率	[米制]马力		1马力=735.499W
面积	[市]亩		1亩=666.7m^2
体积、容积	英加仑	UKgal	1UKgal=4.54609dm^3
	美加仑	USgal	1USgal=3.78541dm^3
	美（石油）桶	bbl	1bbl=158.987dm^3

表2-7　错误的或不恰当的计量单位举例

量的名称	错误的或不符合规定的单位	正确的表示方法
长度	MM，m/m	mm（毫米）

量的名称	错误的或不符合规定的单位	正确的表示方法
质量	公两	100g（100 克）
	公钱	10g
	公吨	t（吨）
容积、体积	公升，立升	L（l）（升）
	C.C.，c.c.	mL（毫升）
时间	y，y_r	a（年）
	Sec，（″），S	s（秒）
	hr	h（时）
摄氏温度	度，百分度	℃（摄氏度）
热力学温度	开氏度，^{0}K	K（开）
频率	C，c/s（周）	Hz（赫）
功率	千瓦	kW（千瓦）
电能	度	kW·h（千瓦时）

第三节 测量仪器常用性能指标、测量误差及数字修约

为了确保测量仪器测量结果的准确可靠，测量仪器必须具备必要的基本性能，如灵敏度、稳定性、示值误差、最大允许测量误差等特性，这些特性反映了对测量仪器的要求，也是评定测量仪器性能的主要依据。

一、测量仪器（计量器具）常用性能指标

（一）测量系统的灵敏度

测量系统的灵敏度简称灵敏度，是指"测量系统的示值变化除以相应的被测量值变化所得的商"。灵敏度是反映测量仪器被测量（输入）变化引起仪器示值（输出）变化的程度。它用被观察变量的增量即响应（输出量）与相应被测量的增量即激励（输入量）之商来表示。如被测量变化很小，而引起的示值（输出量）改变很大，则该测量仪器的灵敏度就高。

（二）显示装置的分辨力

显示装置的分辨力是指"能有效辨别的显示示值间的最小差值"。也就是说，显示装置的分辨力是指指示或显示装置对其最小示值差的辨别能力。指示或显示装置提供示值的方式，可以分为模拟式、数字式、半数字式三种。

模拟式指示装置提供模拟示值，最常见的是模拟式指示仪表，用标尺指示器作为读数装置，其测量仪器的分辨力为标尺上任何两个相邻标记之间间隔所表示的示值差（最小分度值）的一半。如线纹尺的最小分度值为 1mm，则分辨力为 0.5mm。

数字式显示装置提供数字示值，带数字显示装置的测量仪器的分辨力，是最低位数字

变化一个字时的示值差。如数字电压表最低一位数字变化 1 个字的示值差为 $1\mu V$，则分辨力为 $1\mu V$。

半数字式指示装置是以上两种的综合。它通过由末位有效数字的连续移动进行内插的数字式指示，或通过由标尺和指示器辅助读数的数字式指示来提供半数字示值。如家用电度表。

（三）测量仪器的稳定性

测量仪器的稳定性简称稳定性是指测量仪器保持其计量特性随时间恒定的能力。通常稳定性是指测量仪器的计量特性随时间不变化的能力。稳定性可以进行定量的表征，主要是确定计量特性随时间变化的关系。通常可以用以下两种方式：用计量特性发生某个规定量的变化所需经过的时间，或用计量特性经过规定的时间所发生的变化量来进行定量表示。

例如，对于准确度等级 0.05 级以上的数字压力计，相邻两个检定周期之间的示值变化量不得大于最大允许误差的绝对值。

对于测量仪器，稳定性是重要的计量性能之一，示值的稳定是保证量值准确的基础。测量仪器产生不稳定的因素很多，主要原因是元器件的老化、零部件的磨损，以及使用、储存、维护工作不仔细等所致。测量仪器进行的周期检定和校准，就是对其稳定性的一种考核，稳定性也是科学合理地确定检定周期的重要依据之一。

（四）仪器漂移

仪器漂移是指由于测量仪器计量特性的变化引起的示值在一段时间内的连续或增量变化。在漂移过程中，示值的连续变化既与被测量的变化无关也与影响量的变化无关。如有的测量仪器的零点漂移，有的线性测量仪器静态特性随时间变化的量程漂移。

漂移往往是由于温度、压力、湿度等变化所引起，或由于仪器本身性能的不稳定。测量仪器使用时采取预热、预先放置一段时间与室温等温，就是减少漂移的一些措施。

（五）仪器的测量不确定度

仪器的测量不确定度简称仪器不确定度，是指由所用的测量仪器或测量系统引起的测量不确定度的分量。

仪器的测量不确定度的大小是测量仪器或测量系统自身计量特性所决定的，对于原级计量标准通常是通过不确定度分析和评定得到其测量不确定度，而对于一般使用的测量仪器或测量系统，其不确定度是通过对测量仪器或测量系统校准得到，由校准证书给出校准值的测量不确定度。

（六）准确度等级

准确度等级是指在规定工作条件下，符合规定的计量要求，使测量误差或仪器不确定度保持在规定极限内的测量仪器或测量系统的等别或级别。也就是说，准确度等级是在规定的参考条件下，按照测量仪器的计量性能所能达到的允许误差所划分的仪器的等别或级别，它反映了测量仪器的准确程度，所以准确度等级是对测量仪器特性的具有概括性的描述，也是测量仪器分类的主要特征之一。

准确度等级划分的主要依据是测量仪器示值的最允许误差，当然有时还要考虑其他计量特性指标的要求。等和级的区别通常这样约定：测量仪器加修正值使用时分为等，不加修正值使用时分为级；有时测量标准器分为等，工作计量器具分为级。通常准确度等级用约定数字或符号表示，如 0.2 级电压表、0 级量块、一等标准电阻等。

二、测量误差

（一）测量误差的定义

测量误差是指测得的量值与参考值之差，实际工作中测量误差又简称误差。

测量误差的概念在以下两种情况均可以使用：

（1）当存在单个参考值时，测量误差是可获得的。

例如：某测得值与测量不确定度可忽略不计的计量标准比较时，可以用计量标准的量值作为参考量值，则测得值与计量标准的量值之差就是该测得值的测量误差，也就是此时测量误差是已知的，即：

$$测得值-计量标准的量值=测量误差$$

当用给定的约定量值作为参考值时，测量误差同样是已知的。由于计量标准的量值或约定量值是有不确定度的，有时称其为测量误差的估计值。

（2）当参考量值是真值时，由于真值未知，测量误差是未知的。此时，测量误差仅是一个概念性的术语。

测量误差的估计值是测得值偏离参考量值的程度，通常情况是指绝对误差。但需要时也可用相对误差的形式表示，即用绝对误差与被测量值之比表示为相对误差，常用百分数或指数幂表示（例如：1%或1×10^{-6}），有时也用带相对单位的比值表示（例如：$0.3\mu V/V$）；给出测量误差时必须注明误差值的符号，当测量值大于参考值时为正号，反之为负号。

获得测量误差估值的目的通常是为了得到测量结果的修正值。

测量误差不应与测量中产生的错误和过失相混淆。测量中的过错通常称为"粗大误差"或"过失误差"，它不属于测量误差定义的范畴。

测量仪器的特性用"示值误差""最大允许测量误差""准确度等级"等术语表示，不要与测量结果的测量误差相混淆。

①示值误差。

示值误差是指测量仪器示值与对应输入量的参考量值之差，也可以简称为测量仪器的误差。

示值误差是对真值而言的，由于真值是不能确定的，实际上使用的是约定真值或标准值。

$$指示式测量仪器的示值误差=示值-标准值$$
$$实物量具的示值误差=标称值-标准值$$

②最大允许测量误差

最大允许测量误差，简称最大允许误差，是指对给定的测量、测量仪器或测量系统，由规范或规程所允许的，相对于已知参考量的测量误差的极限值。这是指在规定的参考条件下，在技术标准、计量检定规程等技术规范中，测量仪器所规定的允许误差的极限值。测量仪器的最大允许误差也可称为测量仪器的误差限。当它是对称双侧误差限，即有上限和下限时，可表达为：最大允许误差 $= \pm MPEV$，其中 MPEV 为最大允许误差的绝对值的英文缩写。最大允许误差可用绝对误差形式表示，如 $\Delta = \pm a$；或用相对误差形式表示，$\delta = \pm \mid \Delta / x_0 \mid \times 100\%$，$x_0$ 为被测量的约定真值；也可以用引用误差形式表示，即 $\delta = \pm \mid \Delta / X_n \mid \times 100\%$，$X_n$ 为引用值，通常是量程或满刻度值。

（二）测量误差的分类

测量误差包括系统测量误差和随机测量误差。

1. 系统测量误差

系统测量误差，简称系统误差，是指在重复测量中保持不变或按可预见方式变化的测量误差分量。

系统误差是测量误差的一个分量。当系统误差的参考量值是真值时，系统误差是未知的。而当参考量值是测量不确定度可忽略不计的测量标准的量值或约定量值时，可以获得系统误差的估计值，此时系统误差是已知的。

系统误差的来源可以是已知的或未知的，对于已知的来源，如果可能，系统误差可以从测量方法上采取措施予以减小或消除。例如：在用等臂天平称重时，可用交换法或替代法消除天平两臂不等引入的系统误差。

对于已知估计值的系统误差可以采用修正来补偿。由系统误差的估计值可以求得修正值或修正因子，从而得到已修正的测量结果。由于参考量值是有不确定度的，因此，由系统误差的估计值得到的修正值也是有不确定度，这种修正只能起补偿作用，不能完全消除系统误差。

2. 随机测量误差

随机测量误差，简称随机误差，是指在重复测量中按不可预见方式变化的测量误差的分量。

随机误差也是测量误差的一个分量。随机误差的参考值是对同一被测量由无穷多次重复测量得到的平均值，即期望。由于实际上不可能进行无穷多次测量，因此定义的随机误差是得不到的，随机误差是一个概念性术语，不要用定量的随机误差来描述测量结果。

随机误差是由影响量的随机时空变化所引起，它导致重复测量中数据的分散性。一组重复测量的随机误差形成一种分布，该分布可用期望和方差描述，其期望通常可假设为零。

测量误差包括系统误差和随机误差，从理论的概念上说，随机误差等于测量误差减系统误差。实际上不可能做这种算术运算。

（三）对系统误差的修正

修正是指对估计的系统误差的补偿。

修正的形式可有多种，例如：在测得值上加一个修正值或乘一个修正因子，或从修正值表上查到修正值或从修正曲线上查到已修正的值。

修正值是用代数方法与未修正结果相加，以补偿其系统误差的值。修正值等于负的系统误差估计值。修正因子是为补偿系统误差而与未修正测量结果相乘的数字因子。

由于系统误差的估计值是有不确定度的，修正不可能消除系统误差，只能一定程度上减小系统误差，因此这种补偿是不完全的。

（四）计量器具误差的表示

1. 最大允许误差的表示形式

计量器具又称测量仪器。最大允许误差是由给定测量仪器的规程或规范所允许的示值误差的极限值。它是生产厂规定的测量仪器的技术指标，又称允许误差极限或允许误差限。最大允许误差有上限和下限，通常为对称限，表示时要加"±"号。

最大允许误差可以用绝对误差、相对误差、引用误差或它们的组合形式表示。

（1）用绝对误差表示的最大允许误差。

例如：标称值为 1Ω 的标准电阻，说明书指出其最大允许误差为 $\pm0.01\Omega$，即示值误差上限为 $+0.01\Omega$，示值误差的下限为 -0.01Ω，表明该电阻器的阻值允许在 $0.99\sim1.01\Omega$ 范围内。

（2）用相对误差表示的最大允许误差：是其绝对误差与相应示值之比的百分数。

例如：测量范围为 $1mV\sim10V$ 的电压表，其允许误差限为 $\pm1\%$。这种情况下，在测量范围内每个示值的绝对允许误差限是不同的，如 1V 时，为 $\pm1\%\times1V=\pm0.01V$，而 10V 时，为 $\pm1\%\times10V=\pm0.1V$。

最大允许误差用相对误差形式表示，有利于在整个测量范围内的技术指标用一个误差限来表示。

（3）用引用误差表示的最大允许误差：是绝对误差与特定值之比的百分数。特定值又称引用值，通常用仪器测量范围的上限值（俗称满刻度值）或量程作为特定值。

例如：一台电流表的技术指标为 $\pm3\%\times FS$，这就是用引用误差表示的最大允许误差，FS 为满刻度值的英文缩写。又如：一台 $(0\sim150)V$ 的电压表，说明书说明其引用误差限为 $\pm2\%$，说明该电压表的任意示值的允许误差限均为 $\pm2\%\times150V=\pm3V$。

用引用误差表示最大允许误差时，仪器在不同示值上的用绝对误差表示的最大允许误差相同，因此越使用到测量范围的上限时相对误差越小。

（4）组合形式表示的最大允许误差：是用绝对误差、相对误差、引用误差几种形式组合起来表示的仪器技术指标。

例如：一台脉冲产生器的脉宽的技术指标为 $\pm(T\times10\%+0.025\mu s)$，就是相对误差与绝对误差的组合；又如：一台数字电压表的技术指标：$\pm(1\times10^{-6}\times$量程$+2\times10^{-6}\times$读数$)$，就是引用误差与相对误差的组合。注意：用这种组合形式表示最大允许误差时，"±"应在括号外，写成 $\pm(T\times10\%\pm0.025\mu s)$ 或 $\pm T\times10\%\pm0.025\mu s$ 或 $10\%\pm0.025\mu s$ 都是错误的。

2. 计量器具示值误差

计量器具的示值误差是指计量器具（即测量仪器）的示值与相对测量标准提供的量值之差。在计量检定时，用高一级计量标准所提供的量值作为约定值，也称为标准值，被检仪器的指示值或标称值也称为示值。则示值误差可以用下式表示：

$$示值误差 = 示值 - 标准值$$

1）计量器具的绝对误差和相对误差计算

（1）绝对误差的计算。

示值误差可用绝对误差表示，按下式计算：

$$\Delta = x - x_s \tag{2-1}$$

式中　Δ——用绝对误差表示的示值误差；

　　　x——被检仪器的示值；

　　　x_s——标准值。

例如：标称值为 100Ω 的标准电阻器，用高一级电阻计量标准进行校准，由高一级计量标准提供的校准值为 100.02Ω，则该标准电阻器的示值误差计算如下

$$\Delta = 100\Omega - 100.02\Omega = -0.02\Omega$$

示值误差是有符号有单位的量值，其计量单位与被检仪器示值的单位相同，可能是正值，也可能是负值，表明仪器的示值是大于还是小于标准值。当示值误差为正值时，正号可以省略。在示值误差为多次测量结果的平均值情况下，示值误差是被检仪器的系统误差的估计值。如果需要对示值进行修正，则修正值 C 由下式计算：

$$C = -\Delta \tag{2-2}$$

（2）相对误差的计算。

相对误差是测量仪器的示值误差除以相应示值之商。相对误差用符号 δ 表示，按下式计算：

$$\delta = \frac{\Delta}{x_s} \times 100\% \tag{2-3}$$

在误差的绝对值较小情况下，示值相对误差也可用下式计算：

$$\delta = \frac{\Delta}{x} \times 100\%$$

例如：标称值为 100Ω 的标准电阻器，其绝对误差为 -0.02Ω，问相对误差如何计算？

解：相对误差计算如下

$$\delta = (-0.02\Omega / 100\Omega) \times 100\% = -0.02\% = -2 \times 10^{-4}$$

相对误差同样有正号或负号，但由于它是一个相对量，一般没有单位（即量纲为 1），常用百分数表示，有时也用其他形式表示（如 $m\Omega/\Omega$）。

2）计量器具的引用误差的计算

引用误差是测量仪器的示值的绝对误差与该仪器的特定值之比值。特定值又称引用值（x_N），通常是仪器测量范围的上限值（或称满刻度值）或量程。引用误差 δ_f 按下式计算

$$\delta_f = \frac{\Delta}{x_N} \times 100\% \tag{2-4}$$

引用误差同样有正号或负号，它也是一个相对量，一般没有单位（即量纲为 1），常用百分数表示，有时也用其他形式表示（如 $m\Omega/\Omega$）。

例：由于电流表的准确度等级是按引用误差规定的，例如 1 级表，表明该表以引用误

差表示的最大允许误差为±1%。现有一个 0.5 级的测量上限为 100A 的电流表，问在测量 50A 时用绝对误差和相对误差表示的最大允许误差各有多大？

解：①由于已知该电流表是 0.5 级，表明该表的引用误差是±0.5%，测量上限为 100A，根据公式，该表任意示值用绝对误差表示的最大允许误差为：

$$\Delta = 100A \times (\pm 0.5\%) = \pm 0.5A$$

所以在 50A 示值时允许的最大绝对误差是±0.5A。

②在 50A 示值时允许的最大相对误差为：（±0.5A/50A）×100% = ±1%。

三、数字修约

（一）有效数字的定义

有效数字是指实际上能测量到的数值，在该数值中只有最后一位是可疑数字，其余的均为可靠数字。它的实际意义在于有效数字能反映出测量时的准确程度。即把测量结果中能够反映被测量大小的带有一位存疑数字的全部数字称为有效数字。

在一个数值中，从其左边第一个不是零的数字起到最末一位数的全部数字的个数，即为有效数字的位数，简称有效位数。例如，0.0038 是二位有效数字，3.800 是四位有效数字，1002 为四位有效数字。

值得注意的是，在有效数字位数中"0"不能随意取舍，否则会改变有效数字的位数，影响其准确度。例如，3.800 有效位数为四位，3.8 有效位数为二位。

（二）数字修约规则

通用数字修约规则为：以保留数字的末位为单位，末位后的数字大于 0.5 者，末位进一；末位后的数字小于 0.5 者，末位不变（即舍弃末位后的数字）；末位后的数字恰为 0.5 者，使末位为偶数（即当末位为奇数时，末位进一；当末位为偶数时，末位不变）。

通用数字修约规则可简捷记成：四舍六入，逢五取偶。

例如：

将 7.397 修约成两位有效位数，得 7.4；

将 12.1498 修约成三位有效位数，得 12.1；

将 10.05 修约成三位有效数字，得 10.0；

将 10.15 修约成三位有效数字，得 10.2。

注意：不可连续修约，例如：要将 7.691499 修约到五位有效数字，应一次修约为 7.6915。若采取 7.691499→7.6915→7.692 是不对的。

第四节　天然气交接计量

一、天然气交接计量执行的规定与标准

天然气交接计量执行的是《天然气商品量暂行办法》《原油、天然气和稳定轻烃销售

交接计量管理规定》《天然气标准参比条件》（GB/T 19205—2008）标准，下面介绍这些标准与天然气计量相关的主要内容。

（一）《天然气商品量管理暂行办法》

1987 年 10 月，国家计划委员会、国家经济委员会、财政部、石油部以计燃〔1987〕2001 号文件联合发布，《天然气商品管理暂行办法》中规定：

（1）天然气按体积进行计量，天然气体积计算的状态标准为 20℃（293.15K），绝对压力为 101.325kPa。

（2）天然气孔板流量计量执行 GB/T 21446—2008《用标准孔板流量计测量天然气流量》，其他流量计执行相关的标准。

（3）凡需要进行天然气流量计量测量的单位，必须制定科学的设备、仪器、仪表的管理、操作、维护等制度和规程，并严格按制度和规程的要求，由计量部门对流量计及相关计量仪器、仪表进行定期检定校核，以确保量值的准确性。

（4）在气量结算时，以供气方的测量值为准。供用双方应定期对计量仪表进行检查校核。用户对供气方的气量测量值有疑义时，可及时提出，并共同查找原因。在未查出之前，仍按供方的测量值为准进行气量结算，用户不得拒付。若供气方的气量测量值确有错误，在查明原因并整改后，供方应根据校正值予以调整，并按调整后的气量结算。

（二）《原油、天然气和稳定轻烃销售交接计量管理规定》

1990 年 10 月 20 日，能源部、国家计划委员会以能源油〔1990〕943 号文件联合发布，《原油、天然气和稳定轻烃销售交接计量管理规定》中规定：

（1）油、气和轻烃交接计量地点设在供方所在地的站、库、码头等。如供方暂时不具备上述条件，可在双方临时协商同意的地点进行交接。

（2）交接计量方式由供方根据需要选择确定。计量器具由供方负责操作，买方监护。计量员（监护员）必须持有省、部级计量主管部门或其授权的计量技术机构颁发的操作证书。

（3）油、气和轻烃交接计量所用的计量器具，必须按国家规定由法定计量技术机构或有关人民政府计量行政部门授权的技术部门进行周期检定，经检定合格后方可使用。无合格证书、超过检定周期、铅封损坏或不合格的计量器具不准使用。

（4）供、需、运（输）各方因计量值发生争议时，应先以供方提供的计量数据进行结算，待查明原因后多退少补。

（5）管输损耗为 0.35%，其费用由买方承担。

（三）《天然气标准参比条件》

《天然气标准参比条件》GB/T 19205—2008 代替 GB/T 19205—2003，与 ISO 13443：1996 保持一致，增加了湿度（饱和状态）的标准参比条件。对于真实干燥气体单独说明了使用的标准参比条件，于 2008 年 12 月 31 日发布，2009 年 6 月 1 日实施，该标准规定：

在测量和计算天然气、天然气代用品及气态的类似流体时，使用的压力和温度的标准参比条件是 101.325kPa，20℃（293.15K）。也可采用合同规定的其他压力、温度作为标准参比条件。

涉及标准参比条件的物理性质包括体积、密度、相对密度、压缩因子、高位发热量、低位发热量和沃泊指数。这些性质的完整定义由 GB/T11062 给出。对于发热量和沃泊指数，被燃烧气体的体积及其释放的能量均与使用的标准参比条件。附录给出了几种常用的以国际单位制表示的参比条件之间的换算关系。

（1）在表 2-8 中，如果将（a）行参比条件下的已知物性值乘以表中所给出的换算系数，就可相应地得到（b）行所给出的参比条件下的具有相同单位的物性值。如果要进行相反的换算，则除以表中所给出的换算系数。

（2）对所有的天然气，换算的理想气体性质，预计可准确到±0.01%之内。对真实气体的体积性质（体积、密度、相对密度、压缩因子），预计可准确到±0.02%。对真实气体的燃烧性质（发热量、沃泊指数），可准确到±0.05%。

（3）不推荐使用非国际单位制的参比条件，尤其在国际贸易的场合，因此也不再给出其换算系数。

表 2-8　参比条件之间的换算系数

	(a) (b)	计量温度 t_2（℃）		
		20 换算到 15	20 换算到 0	15 换算到 0
1	理想体积	0.9829	0.9318	0.9479
2	理想密度	1.0174	1.0732	1.0549
3	理想相对密度	1.0000	1.0000	1.0000
4	压缩因子	0.9999	0.9995	0.9996
5	真实体积	0.9828	0.9313	0.9476
6	真实密度	1.0175	1.0738	1.0553
7	真实相对密度	1.0001	1.0003	1.0002

	(a) (b)	燃烧温度 t_1（℃）					
		25 换算到 20	25 换算到 15	25 换算到 0	20 换算到 15	20 换算到 0	15 换算到 0
8	摩尔理想高位发热量	1.0005	1.0010	1.0026	1.0005	1.0021	1.0016
9	摩尔理想低位发热量	1.0001	1.0001	1.0003	1.0000	1.0002	1.0002
10	质量理想高位发热量	1.0005	1.0010	1.0026	1.0005	1.0021	1.0016
11	质量理想低位发热量	1.0001	1.0001	1.0003	1.0000	1.0002	1.0002
12	摩尔真实高位发热量	1.0005	1.0010	1.0026	1.0005	1.0021	1.0016
13	摩尔真实低位发热量	1.0001	1.0001	1.0003	1.0000	1.0002	1.0002
14	质量真实高位发热量	1.0005	1.0010	1.0026	1.0005	1.0021	1.0016
15	质量真实低位发热量	1.0001	1.0001	1.0003	1.0000	1.0002	1.0002

续表

(a) (b)	燃烧温度 t_1(℃);计量温度 t_2(℃)								
	25:20 换算到 25:0	25:20 换算到 15:15	25:20 换算到 0:0	25:0 换算到 15:15	25:0 换算到 0:0	15:15 换算到 0:0	20:20 换算到 0:0	20:20 换算到 15:15	25:0 换算到 20:20
16 体积理想高位发热量	1.0732	1.0184	1.0760	0.9489	1.0026	1.0566	1.0754	1.0179	0.9323
17 体积理想低位发热量	1.0732	1.0175	1.0735	0.9481	1.0003	1.0551	1.0734	1.0174	0.9318
18 理想沃泊指数	1.0732	1.0184	1.0760	0.9489	1.0026	1.0566	1.0754	1.0179	0.9323
19 体积真实高位发热量	1.0738	1.0185	1.0766	0.9486	1.0026	1.0570	1.0759	1.0180	0.9318
20 体积真实低位发热量	1.0738	1.0176	1.0741	0.9477	1.0003	1.0555	1.0740	1.0175	0.9314
21 真实沃泊指数	1.0736	1.0185	1.0764	0.9487	1.0026	1.0569	1.0758	1.0180	0.9320

注:燃烧和体积计量所使用的标准压力均为 101.325kPa,而气体则是干燥的。

在一些较发达的国家,常采用能量作为天然气的贸易交接量。由于天然气是一种可燃烧的气体,主要用作燃料或化工原料,其能量是衡量天然气数量和质量的一个综合性量值,采用能量计量作为天然气的交接计量方式更为合理。随着天然气测量技术的不断发展,采用能量计量作为天然气的交接计量方式是我国天然气贸易计量的发展趋势;我国已制定了天然气能量测定的标准,即 GB/T 22723—2008《天然气能量的测定》;西南油气田分公司发布了 Q/SY XN 0316—2010《天然气能量计量技术要求》。

二、天然气质量要求

天然气质量应符合国家《天然气》(GB 17820—2012)、《车用压缩天然气》(GB 18047—2000)标准要求,下面介绍标准的主要内容。

(一) GB 17820—2012《天然气》

GB 17820—2012 兼顾了安全卫生、环境保护和经济效益等因素,按照高位发热量、总硫、硫化氢和二氧化碳含量对天然气进行分类,提出了天然气的技术要求,以保证输气管道的安全运行和天然气的安全使用,有利于提高环境质量,适应我国天然气工业的发展需要。

GB 17820—2012《天然气》是国家强制性标准,于 2012 年 5 月 11 日发布,2012 年 9 月 1 日实施,该标准适用于经过处理的通过管道输送的商品天然气,该标准规定了天然气的技术要求、试验方法和检验规则。

1. 产品分类和技术要求

(1) 天然气按照高位发热量、总硫、硫化氢和二氧化碳含量对天然气分为一类、二类和三类。

(2) 天然气的技术指标应符合表 2-9 的规定。

(3) 作为民用燃料的天然气,总硫和硫化氢含量应符合一类或二类气的技术指标。

表 2-9　天然气技术指标

项　　目		一类	二类	三类
高位发热量，MJ/m³	≥	36.0	31.4	31.4
总硫（以硫计），mg/m³	≤	60	200	350
硫化氢，mg/m³	≤	6	20	350
二氧化碳 y,%（体积分数）	≤	2.0	3.0	—
水露点,℃		在交接点压力下，水露点应比输送条件下最低环境温度低5℃。		

注：1. 气体体积的标准参比条件是 101.325kPa，20℃。

2. 在输送条件下，当管道管顶埋地温度为 0℃ 时，水露点应不高于−5℃。

3. 进入输气管道的天然气，水露点的压力应是最高输送压力。

2. 输送和使用

为了保证输送和使用的安全，该标准作出了以下规定：

（1）在天然气交接点的压力和温度条件下，天然气中应不存在液态烃。

（2）天然气中固体颗粒含量应不影响天然气的输送和利用。

（3）作为城镇燃气的天然气，应具有可以察觉的臭味。燃气中加臭剂的最小量应符合 GB 50028—2006《城市燃气设计规范》中 3.2.3 的规定。使用加臭剂后，当天然气泄漏到空气中，达到爆炸下限的 20% 时，应能察觉。城镇燃气加臭剂应符合 GB 50028—2006 中 3.2.4 的规定。

（4）天然气在输送和使用的过程中，应执行 GB 50251—2015《输气管道工程设计规范》和 GB 50028—2006 的有关规定，还应遵守国家和当地的安全法规。

（二）GB 18047—2000《车用压缩天然气》

GB 18047—2000《车用压缩天然气》是以专用压力容器储存的，用作车用燃料的压缩天然气。按照高位发热量、总硫、硫化氢、二氧化碳和氧气含量，提出了压缩天然气的技术要求，以保证压缩天然气的储存安全和压缩天然气的安全使用，有利于提高环境质量，适应我国天然气工业的发展需要。

GB 18047—2000 是国家强制性标准，于 2000 年 4 月 3 日发布，2001 年 7 月 1 日实施，该标准适用于压力不大于 25MPa，作为车用燃料的压缩天然气。该标准规定了压缩天然气的技术要求、试验方法和检验规则。

1. 压缩天然气的技术指标

压缩天然气的指标技术见表 2-10。

表 2-10　压缩天然气的技术指标

项　　目	技术指标
高位发热量，MJ/m³	>31.4
总硫（以硫计），mg/m³	≤200
硫化氢，mg/m³	≤15
二氧化碳 y,%（体积分数）	≤3.0
氧气 y,%（体积分数）	≤0.5

续表

项　　目	技术指标
水露点,℃	在汽车驾驶的特定地理区域内，在最高操作压力下，水露点不应高于-13℃；当最低气温低于-8℃，水露点应比最低气温低5℃

注：本标准中气体体积的标准参比条件是 101.325kPa, 20℃。

2. 储存和使用

（1）压缩天然气的储存容器应符合国家现行的《压力容器安全技术监察规程》和《气瓶安全监察规程》中的有关规定。压缩天然气钢瓶应符合 GB17258—2011《汽车用压缩天然气钢瓶》的有关规定。

（2）在操作压力和温度下，压缩天然气中不应存在液态烃。

（3）压缩天然气中固体颗粒直径应小于 5μm。

（4）压缩天然气应有可察觉的臭味。无臭味或臭味不足的天然气应加臭。加臭剂的最小量应符合当天然气泄漏到空气中，达到爆炸下限的 20% 浓度时，应能察觉。加臭剂常用具有明显臭味的硫醇、硫醚或其他含硫有机化合物配制。

（5）车用压缩天然气在使用时，应考虑其抗爆性能。

（6）车用压缩天然气在使用时，应考虑其沃泊指数，同一气源各加气站的压缩天然气，其燃气类别应保持不变。

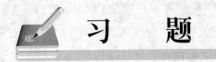

习　　题

一、名词解释

法定计量单位　测量误差　系统误差　计量器具示值误差　仪器漂移　准确度等级

二、简答题

1. 《计量法》的立法宗旨是什么？

2. 计量检定员的法律责任是什么？

3. 我国法定计量单位由哪几部分构成？

4. 国际单位制的基本单位有哪些？它们的名称和符号是什么？

5. 什么是有效数字？如何辨别有效数字的位数？

6. 什么是通用的的数字修约规则？

7. GB/T 19205—2008《天然气标准参比条件》标准中天然气参比条件是什么？

8. GB 17820—2012《天然气》标准中作为民用燃料天然气的总硫和硫化氢含量应符合一类或二类气的技术指标，一类、二类的技术指标分别是什么？

9. GB 18047—2000《车用压缩天然气》标准中压缩天然气的技术要求是什么？

三、选择题（单选）

1. 有两台检流计，A 台输入 1mA 光标移动 10 格，B 台输入 1mA 光标移动 20 格，则

A 台检流计的灵敏度比 B 台检流计的灵敏度 (   )。

    A. 高   B. 低   C. 相近   D. 相同

2. 有一台温度计其标尺分度值为 10℃，则其分辨力为 (   )。

    A. 1℃   B. 2℃   C. 5℃   D. 10℃

3. 将 2.5499 修约为二位有效数字的正确写法是 (   )。

    A. 2.50   B. 2.55   C. 2.6   D. 2.5

第三章

天然气测量仪表和控制系统

在天然气的开采、处理、运输过程中，需要对天然气的压力、温度、流量等参数进行测量及控制，以便有效地指导气田的开发和生产。在采输生产过程中使用的测量控制仪表主要包括压力计、温度计、流量计、物位计等，用于站场自动控制管理的系统主要有PLC、RTU、DCS等系统。

第一节　压力测量仪表

一、压力的概念

压力是垂直并均匀作用在单位面积上的力，即物理学上的压强。工程上常将压强称为压力，压强差称为压差。压力的表达式为

$$p = \frac{F}{A} \tag{3-1}$$

式中　p——压力，N/m^2（Pa）；

　　　F——作用力，N；

　　　A——面积，m^2。

在我国法定计量单位中，规定压力的基本单位为帕斯卡（简称帕），符号为Pa，它的定义为：1N力垂直均匀作用在$1m^2$的面积上所产生的压力。

压力的导出单位有千帕（kPa）、兆帕（MPa）。

压力单位之间的换算关系为：$1MPa = 10^3 kPa = 10^6 Pa$。

常用的法制计量单位与法定计量单位换算见表3-1。

表3-1　常用的法制计量单位与法定计量单位换算表

单位符号	帕斯卡 Pa	毫米水柱 mmH_2O	标准大气压 atm	工程大气压 kgf/cm^2	毫米汞柱 mmHg
Pa	1	1.0197×10^{-1}	9.8692×10^{-6}	1.0197×10^{-5}	7.5006×10^{-3}
mmH_2O	9.80665	1	9.6784×10^{-5}	10^{-4}	7.3556×10^{-2}
atm	1.01325×10^5	1.0332×10^4	1	1.0332	760
kgf/cm^2	9.80665×10^5	1×10^4	9.6784×10^{-1}	1	7.3556×10^2
mmHg	1.3332×10^2	1.3595×10^1	1.3158×10^{-3}	1.3595×10^{-3}	1

二、压力测量中常用的表示方法

在压力测量中，常用的表示方法有大气压力、绝对压力、表压力、正（表）压力、负（表）压力。

（1）大气压力（气压）：指地球表面大气层空气柱重力所产生的压力，其值可用气压计测得，一般用符号 p_0 表示。

（2）绝对压力：指以完全真空作参考点的压力，一般用符号 p_a 表示。

（3）表压力：指以大气压力为参考点，大于或小于大气压力的压力。一般压力表的读数为表压力，用符号 p 表示。

（4）正（表）压力（又称正压）：指以大气压力为参考点，大于大气压力的压力。它与绝对压力之间的关系为

$$p = p_a - p_0 \tag{3-2}$$

（5）负（表）压力（又称负压）：指以大气压力为参考点，小于大气压力的压力。它与绝对压力之间的关系为

$$p = p_0 - p_a \tag{3-3}$$

三、常用压力测量仪表

按照敏感元件和工作原理的不同，压力测量仪表可分为液柱式压力计、弹性元件式压力计、负荷式压力计和电气式压力计。

（1）液柱式压力计是根据流体静力学原理，把被测压力转换为液柱高度来实现测量的，如 U 形管压力计。

（2）弹性元件式压力计是根据弹性元件受力变形的原理，将被测压力转换为弹性元件的弹性变形位移来实现测量的，工业生产中的压力测量多用此类压力计。

（3）负荷式压力计是基于流体静力学平衡原理和帕斯卡定律进行压力测量的，其准确度高，普遍被用作标准仪器对压力检测仪表进行校准或检定，如活塞式压力计。

（4）电气式压力计是利用敏感元件将被测压力转换成各种电量（如电阻、电感、电容、电位差），该方法具有较好的动态响应，量程范围大，线性好，便于进行压力的自动控制，如压力传感器、压力变送器等。

（一）压力表

1. 压力表的分类

压力表是以大气压力为基准，用于测量小于或大于大气压力的仪表。压力表的应用极为普遍，它几乎遍及所有的工业流程和科研领域。

（1）压力表按其测量准确度，可分为精密压力表、一般压力表。

①精密压力表的测量准确度等级分别为 0.1、0.16、0.25、0.4；一般压力表的测量准确度等级分别为 1.0、1.6、2.5、4.0。

②一般压力表按测量类别，分为压力表、真空表、压力真空表。压力表以大气压力为

基准，用于测量正压力的仪表；真空表以大气压力为基准，用于测量负压力的仪表；压力真空表以大气压力为基准，用于测量正压力和负压力的仪表。

（2）压力表按测量介质特性，可分为一般型压力表、耐腐蚀型压力表、防爆型压力表、专用型压力表、耐震压力表。

①一般型压力表：用于测量无爆炸、不结晶、不凝固，对铜和铜合金无腐蚀作用的液体、气体或蒸汽的压力。

②耐腐蚀型压力表：用于测量腐蚀性介质的压力，常用的有不锈钢型压力表、隔膜型压力表等。隔膜型压力表所使用的隔离器（化学密封）能通过隔离膜片，将被测介质与仪表隔离，以便测量强腐蚀、高温、易结晶介质的压力。

③防爆型压力表：用在环境有爆炸性混合物的危险场所，如防爆电接点压力表等。带有电接点控制开关的压力表可以实现发讯报警或控制功能。

④专用型压力表：由于被测量介质的特殊性，在压力表上应有规定的色标，并注明特殊介质的名称。氧气表必须标以红色"禁油"字样，氢气用深绿色下横线色标，氨用黄色下横线色标，等等。

⑤耐震压力表：耐震压力表的壳体为全密封结构，且在壳体内填充阻尼油（现在大部分用硅油填充），由于其阻尼作用可以使用在工作环境振动或介质压力（载荷）脉动的测量场所。

2. 弹簧管式压力表

弹簧管式压力表是工业上应用最广泛的一种测压仪表，并以单圈弹簧的应用为最多。它具有刻度清晰、结构简单、安装使用方便、测量范围较宽、牢固耐用等优点。它采用弹簧管作为压力检测元件，在力平衡原理的基础上，弹簧管以弹性变形的形式将压力转换为弹簧管的机械位移信号，然后测量其位移量确定被测压力的大小。缺点是测量准确度不高，不适宜动态测量。

1）结构

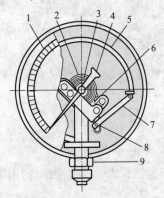

图3-1　弹簧管压力表结构图
1—面板；2—游丝；3—中心齿轮；
4—指针；5—弹簧管；6—扇形
齿轮；7—拉杆；8—调整
螺钉；9—接头

弹簧管压力表主要由弹簧管、传动放大机构、指示机构和表壳四部分组成。其结构如图3-1所示。

（1）弹簧管：是一根弯曲成270°圆弧的扁圆或椭圆形截面的空心金属薄管，管子的一端封闭，并连接传动机构，是弹簧管的自由端，用来输出弹簧管的变形位移；管子的另一端焊在压力表接头9上，并固定于表壳上，以便输入被测压力到弹簧管的内腔。

（2）传动放大机构：作用是将弹簧管的变形——自由端位移加以放大，并将其变为指针的偏转。在传动放大机构中，拉杆7与扇形齿轮6形成一级杠杆放大，其放大倍数等于扇形齿轮的等效半径与拉杆到扇形齿轮轴的长度之比，可通过调节调整螺钉8的位置来改变；扇形齿轮6与中心齿轮3形成第二级齿轮放大，其放大倍数等于两齿轮节圆半径之比，其大小不可调节。

（3）指示机构：作用是指示被测压力的数值。

（4）表壳：作用是固定和保护表内各种部件。

2）工作原理

当被测压力由引压接头 9 通入弹簧管内时，椭圆形截面在压力 p 的作用下趋于向圆形变化，弹簧管随之产生向外挺直的扩张变形，从而使弹簧管的自由端向右上方移动，但是这个位移量较小。因此必须通过放大机构才能指示出来。自由端的弹性变形位移，通过拉杆 7 使扇形齿轮 6 作逆时针偏转，扇形齿轮 6 带动中心齿轮 3 作顺时针偏转，使与中心齿轮同轴的指针 4 也作顺时针偏转，在面板 1 的刻度标尺上指示出来被测压力 p 的数值。由于自由端的位移与被测压力之间具有一定的比例关系，因此弹簧管压力表的刻度标尺是线性的。

在单圈弹簧管压力表中，中心齿轮 3 下面装有盘形螺旋游丝 2。游丝一头固定在中心齿轮轴上，另一头固定在上下夹板的支柱上。利用游丝产生的微小旋转力矩，使中心齿轮始终跟随扇形齿轮转动，以便克服中心齿轮与扇形齿轮啮合时的齿间间隙，消除由此带来的变差。

压力表中调整螺钉 8 可改变传动系统的杠杆传动放大倍数，用以微调仪表的量程。自由端的位移一般为 5°~10°，通过传动放大机构，可使压力表指针的角位移达到 270°。

3. 电接点压力表

电接点压力表适用于测量无爆炸危险的流体介质的压力，广泛应用于石油、化工、冶金、电站、机械等工业部门。通常，仪表与相应的电气器件（如继电器及变频器等）配套使用，即可对被测（控）压力系统实现自动控制和发信（报警）的目的。

电接点压力表是一种能发出开关信号的压力表，它又可以细分为单电接点压力表、双电接点压力表和多接点电接点压力表，通过各类电接点来适应不同的操控需求。电接点压力表的关键部件是电接点的信号机构，它直接关系到压力表测量的准确度和可靠性。

1）结构

电接点压力表由测量系统、指示系统、磁助电接点装置、外壳、调整装置和接线盒（插头座）等组成，如图 3-2 所示。电接点压力表是在弹簧管压力表的基础上，在指针上设有动触点，另设两个调节的指针，分别有静触点 2 个（需控制压力的低值和高值触点），3 个触点用线路与电流和红绿灯（信号灯）分别连接。当压力超过或低于上下限给定值时，动触点分别与静触点高值或静触点低值接触，信号灯就发光，两个静触点是可以根据需要进行调节的。

一般电接点压力表是用于测量对铜和铜合金不起腐蚀作用的气体、液体介质的正负压力，不锈钢电接点压力表用于测量对不锈钢不起腐蚀作用的气体、液体介质的正负压力，并在压力达到预定值时发出信号，接通控制电路，达到自动控制的报警目的。

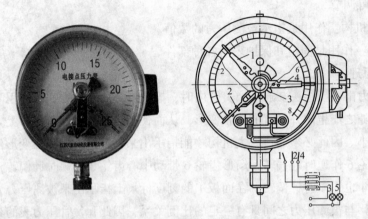

图 3-2　电接点压力表

1,4—静触点；2—动触点；3—绿灯；5—红灯

2）工作原理

当测量系统中的弹簧管在被测介质的压力作用下，迫使弹簧管的末端产生相应的弹性变形——位移，借助拉杆经齿轮传动机构的传动并放大后，由固定齿轮上的指示装置（连同触头）将被测值在刻度盘上指示出来。同时，当其与设定指针上的触头（上限或下限）相接触（动断或动合）的瞬时，致使控制系统中的电路得以断开或接通，以达到自动控制和发信报警的目的。

（二）压力变送器

压力变送器是一种能将压力变量转换为可传输的标准化信号的仪表，其输出信号与压力变量之间有一定的连续函数关系（通常为线性函数）。压力变量包括正压力、负压力、压差和绝对压力。压力变送器主要用于工业过程压力参数的测量和控制，差压变送器常用于流量的测量。

压力变送器有电动和气动两大类，电动的统一输出信号为 0~10mA、4~20mA 或 1~5V 的直流电信号，气动的统一输出信号为 20~100kPa 的气体压力。

压力变送器通常由两部分组成：感压单元、信号处理和转换单元。有些变送器增加了显示单元，有些还具有现场总线功能。压力变送器的结构原理如图 3-3 所示。

图 3-3　压力变送器的结构原理框图

智能压力变送器是具有自动补偿温度、线性、静压等功能，又有通信、自诊断功能的压力变送器，目前广泛地应用于生产现场，其结构原理如图 3-4 所示。

压力变送器按不同的转换原理可分为电容式、谐振式、压阻式、力（力矩）平衡式、电感式和应变式等。目前在天然气生产过程中使用最多的就是电容式和单晶硅谐振式智能

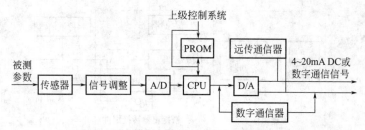

图 3-4　智能压力变送器的结构原理框图

变送器。

1. 电容式智能压力变送器

电容式智能压力变送器由传感器组件、电子组件两部分组成。

传感器组件选用高精度的电容传感器，过程压力通过隔离膜片及灌充物变送到电容室中心的感应膜片，感应膜片两边的电容极板决定其位置。在感应膜片和电容极板间的差动电压与过程压力成正比。其原理如图 3-5 所示。

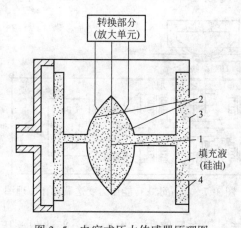

图 3-5　电容式压力传感器原理图
1—中心感应膜片；2—固定电极；3—测量侧；4—隔离膜片

电子组件包括有一块 ASIC（特定用途集成电路）和表面镶嵌技术的信号板，它接受传感器的数字输入信号。通过修正系数的修正，使该信号无误和线性化。电子组件的输出部分将数字信号转换成一个 4～20mA 的输出，同时还要进行与相关控制系统的通信。一个可选的 LCD（液晶显示屏）插在电子板上，用来显示压力处理单元的数字输出或模拟范围值的百分数。

2. 单晶硅谐振式智能压力变送器

单晶硅谐振式智能压力变送器采用单晶硅谐振式传感器，直接输出频率信号，传感器自身就可以消除机械电气干扰、环境温湿度变化、静压与过压等影响。它由膜盒组件和电器转换组件两部分组成，其结构原理框图如图 3-6 所示。

如图 3-7 所示，单晶硅谐振传感器是在硅片上加工了两个大小相同的 H 形谐振梁，谐振梁处于永久磁铁提供的磁场中，谐振梁的两端与变压器组成一个正反馈电路，通

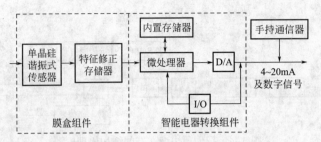

图 3-6　单晶硅式智能压力变送器结构原理框图

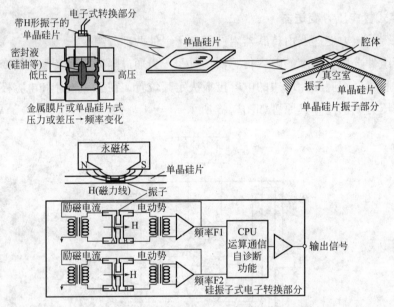

图 3-7　单晶硅式智能压力变送器工作原理图

电后由于磁场的作用使谐振梁在回路中产生振荡。当被测差压信号进入变送器高低压室时，通过隔离膜片将力传递给表内工作介质，从而使单晶硅片的上下表面受到力的作用并形成压力差。由于设计加工谐振梁时，一个位于硅片的边缘，另一个位于硅片的中心，因此当受到同一压力时，位于中心的谐振梁因受压缩力使振荡频率变小，而位于边缘的谐振梁因受拉伸力使振荡频率增加，两个频率信号进入膜盒组件的脉冲计数器，形成频率差，此频率差正比于差压信号，这样膜盒组件就实现了将输入差压信号转换为频率变化。特性修正存储器里保存有传感器型号、环境温度、静压以及输入/输出特性等修正参数，这些数据经微处理器运算，可使变送器获得优良的温度特性、静压特性和输入/输出特性。

由单晶硅谐振式传感器上的两个 H 形的振动梁分别将压力或差压信号转换为频率信号送到计数器，再将两频率之差直接传递到 CPU 进行数据处理，经 D/A 转换为与输入信号相对应的 4~20mA 输出信号，并在模拟信号上叠加一个 BRAIN/HART 数字信号进行通信。通过 I/O 口与外部设备（如手持智能终端以及 DCS 中的带通信功能的 I/O 卡）以数字通信方式传递数据，即高频 2.4kHz（BRAIN 协议）或 1.2kHz（HART 协议）数字信号叠加在 4~20mA 的信号上。在进行通信时，频率信号对 4~20mA 的信号不产生任何扰动影响。

单晶硅压力变送器具有如下特点：

（1）精度高。由于传感器使用的是单晶硅谐振式传感器，其优良的性能保证了测量的准确度，变送器的准确度可达到±0.065%，这是其他变送器无法比拟的。

（2）稳定性好。由于电路采用了特性修正存储器，对采集到的温度、静压数据通过CPU 运算，修正因此产生的测量漂移。同时，智能转换器采用了大规模集成电路，并将放大器 AISC 化，减少了零部件，提高了放大器的自身可靠性，使仪表具有非常可靠的稳定性和重复性。

（3）静压特性好。由于两个谐振梁加工工艺精密，尺寸完全一致，且处于同一表面，故在受压后产生的频率变化是相同的，其差值保持不变。因此，在静压引入仪表时对测量几乎没有影响，保证了测量的准确度。

（4）具有良好的单向受压特性。变送器具有高压侧、低压侧反复受压的能力，其数值可达 16MPa，受压时间可达 30s，安装时可以省去平衡阀；另一方面可以防止因误操作或导压管堵塞造成变送器单向受压损坏失。

（5）具有较宽的测量范围，采用通用性的高耐腐蚀接液部件材质，附加规格少，变送器的实用性和通用性高，可减少备表的数量和种类，为企业减少了维护费用。

（6）方便的组态能力和自诊断功能。变送器的自诊断功能可以显示变送器的运行状况和故障信息，从而指导检修维护人员对故障的分析和判断。

第二节 温度测量仪表

温度是国际单位制中七个基本单位之一，是各种工艺生产过程和科学实验中非常普遍、重要的热工参数之一。许多产品的质量、产量、能量和过程控制等都直接与温度参数有关，在流量、压力、长度等物理量的测量中，温度也是一个十分重要的影响量，因此，实现准确的温度测量，具有十分重要的意义。

一、温度和温标

温度是物质的状态函数，是表征物体冷热程度的物理量，微观上讲是物体分子热运动的剧烈程度。

温度只能通过物体随温度变化的某些特性来间接测量，而用来量度物体温度数值的标尺称为温标。它规定了温度的读数起点（零点）和测量温度的基本单位，各种测温仪表的分度值就是由温标决定的。目前，国际上用得较多的温标有华氏度（℉）、摄氏度（℃）、热力学温标（K）等。

二、测温仪表的分类

测温仪表常用的分类方式有两种。一种是按工作原理可分为膨胀式、电阻式、热电式、辐射式等。另一种是按测温方式可分为接触式和非接触式。

天然气生产场所常用的测温仪表，如玻璃棒式温度计、双金属温度计、热电偶温度计和铂电阻温度计，均是接触式温度计。接触式温度计具有结构简单、可靠，测量准确度高、便宜等优点。但因测温元件与被测介质之间需要一定时间进行充分的热交换，才能达到热平衡，所以接触式温度计存在测温延迟现象，同时受耐高温和耐低温材料的限制，不能应用于极端的温度测量。

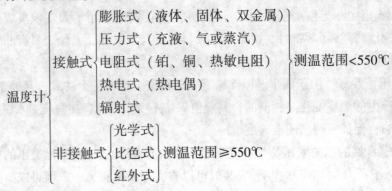

三、常用温度测量仪表

（一）玻璃棒式温度计

玻璃棒式温度计是一种膨胀式温度计，利用液体或气体热胀冷缩的原理测量温度。工业用玻璃温度计为了避免使用时碰碎，在玻璃管外通常有金属保护套管，仅露出标尺部分供操作人员读数。

天然气生产场所常使用水银温度计，水银与其他液体相比有许多优点，如不黏附玻璃、不易氧化、测量温度高、容易提纯、线性较好、准确度高等优点。水银温度计的测量范围为 $-30 \sim 350$℃。

1. 结构

玻璃棒式温度计由玻璃温包、毛细管和刻度标尺三部分构成。

其刻度有棒式、内标尺式、外标尺式几种。工业用玻璃液体温度计一般做成内标尺式，其温度刻度另外刻在乳白色玻璃板上，与毛细管一起封装在玻璃外壳之中。如图 3-8 所示，从左向右分别为棒式、内标尺式、外标尺式。

2. 工作原理

玻璃棒式温度计是利用玻璃感温包内的测温物质（水银、酒精或甲苯等）受热膨胀，遇冷收缩的原理进行测温的，故亦称为膨胀式温度计。

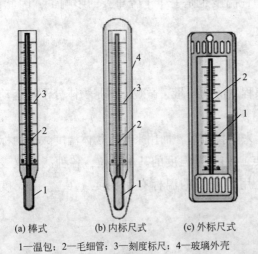

(a) 棒式　　(b) 内标尺式　　(c) 外标尺式

1—温包；2—毛细管；3—刻度标尺；4—玻璃外壳

图 3-8　金属套玻璃棒式温度计示意图

（二）双金属温度计

双金属温度计属耐振型仪表，结构简单、刻度清晰、使用方便。仪表准确度等级达到1.0级，仪表外壳采用防腐材料（其耐温性可以高达200℃，最低为-40℃）。双金属温度计可以直接测量各种生产过程中的-80~500℃范围内液体蒸汽和气体介质温度，是一种测量中低温度的现场检测仪表，广泛应用于石油、化工等工业。现场显示温度，直观方便安全可靠，使用寿命长。

1. 结构

双金属温度计是将膨胀系数不同的两种金属片，叠焊在一起制成螺旋形感温元件，并置于金属保护套管中，一端固定在套管底部，称为固定端，另一端连接在一根细轴上，称为自由端，细轴上安装有指针用以指示温度。其结构如图3-9所示。

2. 工作原理

双金属温度计是利用两种膨胀系数不同的金属元件的膨胀差异来测量温度。

双金属片受热后由于两种金属片的膨胀系数不同而使自由端产生弯曲变形，弯曲的程度与温度的高低成正比。当温度变化时，双金属螺旋感温元件的自由端绕固定端转动，从而带动与自由端连接的轴上的指针转动，指示出温度值。

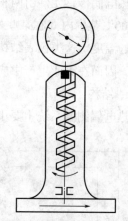

图3-9 双金属温度计示意图

（三）铂电阻温度计

标准铂电阻温度计是一种在目前的生产技术条件下测量温度时能达到准确度最高、稳定性最好的温度计。标准铂电阻温度计是用于传递国际温标的计量标准器具，也可以直接用于准确度要求较高的温度测量。因此，它不仅广泛应用于工业测温，而且被制成标准的基准仪。

标准铂电阻温度计是根据金属铂电阻随温度变化而对应变化的规律来测量温度的。它具有极佳的稳定性，其实际性能远远超过相应等级温度计的检定规程的要求；金属外护管标准铂电阻温度计具有可以在恶劣环境下使用；体积小，内部无空气隙，测量滞后小；机械性能好、耐震，抗冲击；能弯曲，便于安装，使用寿命长等优点。

1. 结构

铂电阻温度计由感温元件热电阻、显示仪表和连接导线组合而成，感温元件是由高纯铂丝以无应力结构绕制而成的四端电阻器。其结构如图3-10所示。

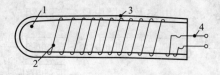

图3-10 铂电阻温度计示意图

1—玻璃或陶瓷骨架；2—铂电阻丝；3—玻璃或陶瓷覆层；4—引出线

2. 工作原理

铂电阻温度计是根据金属铂的电阻随温度变化的规律来测量温度。

使用时将热电阻感温元件置于被测温介质之中，介质温度的变化引起感温元件电阻的变化，此变化由导线传至显示仪表，即指示出被测介质温度值。热电阻温度计结构简单、精确度高、使用方便，还可以远传、显示和记录，测温范围为 $-200 \sim 600\,^\circ\mathrm{C}$。

（四）热电偶温度计

热电偶温度计是在工业生产中应用较为广泛的测温装置。热电偶实际上是一种能量转换器，它将热能转换为电能，用所产生的热电势测量温度。

热电偶传感元件由两根不同材质的金属线组成，测温范围很广，可测量生产过程中 $0 \sim 1600\,^\circ\mathrm{C}$ 范围内（在某些情况下，上下限还可扩展）的液体、蒸汽和气体介质以及固体表面的温度。这类仪表结构简单、使用方便、测温准确可靠、便于远传、自动记录和集中控制，因而在工业生产中应用极为普遍。

1. 结构

热电偶测温系统主要由热电偶、显示仪表、连接导线三部分组成，如图 3-11 所示。

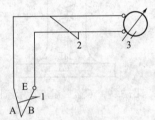

图 3-11　热电偶测温系统示意图
1—热电偶；2—连接导线；3—显示仪表

2. 工作原理

热电偶温度计是基于热电效应这一原理测量温度的。它是将两种不同金属导体的一端焊接在一起构成热电极，焊接的一端为热端，另一端为冷端。测量时将热电偶的热端置于被测温度场中，冷端处于环境温度下，由于热电偶冷热两端的温度不同，在热电偶上就会产生与冷热两端的温度差大小有关的热电势，测量时若保持冷端温度不变，热电偶的热电势就是所测温度的单值函数。这样，测出热电势 E 的大小，就可知道所测温度的大小。

热电偶一般都是在冷端温度为 $0\,^\circ\mathrm{C}$ 时进行分度的。由于冷端温度（环境温度）是变化的并且很难保持在 $0\,^\circ\mathrm{C}$ 不变，这样，就会产生较大的测量误差。为了提高测量准确度，一般都要采用补偿导线和考虑冷端温度补偿。

（五）温度变送器

温度变送器是把温度传感器的信号转变为电流信号，连接到二次仪表上，从而显示出对应的温度。那么温度变送器的作用就是把电阻信号转变为电流信号，输入仪表，显示温度，常用于工业过程温度参数的测量和控制。

1. 结构

温度变送器由输入电路、放大电路及反馈电路三部分组成，如图 3-12 所示。

图 3-12　温度变送器的结构示意图

2. 工作原理

温度变送器采用热电偶、热电阻作为测温元件，从测温元件输出信号送到变送器模块，经过稳压滤波、运算放大、非线性校正、V/I 转换、恒流及反向保护等电路处理后，转换成与温度呈线性关系的 4~20mA 电流信号输出。

第三节　辅助测量仪表

在自动化仪表的信号传输回路中，还经常使用到信号隔离器、安全栅、浪涌保护器等辅助测量仪表，可实现配电、隔离、信号转换、避雷等作用，如图 3-13 所示。

图 3-13　辅助测量仪表信号传输示意图

一、信号隔离器

（一）结构

信号隔离器主要由输入保护、DC/DC 转换、输入信号处理、输出信号处理四个基本单元构成。

现场使用较多的主要是电流输入型信号隔离器和热电阻输入型信号隔离器。

（二）工作原理

电流输入型信号隔离器通过内部 DC/DC 变换器为现场安装的变送器提供隔离电源，即外供 24VDC 电源经过输入保护电路、DC/DC 变换电路后，输出一个隔离稳定的 24VDC 作为现场变送器的配电电压，同时将变送器输出的信号（电流）送至输入信号处理单元，再经过磁隔离后，送至输出信号处理单元，最后输出 4~20mADC 或 1~5VDC 标准信号，馈送给下级受信仪表。

热电阻输入型信号隔离器直接将现场的热电阻信号（电阻）送至输入信号处理单元，再经过磁隔离后，送至输出信号处理单元，最后输出 4~20mADC 或 1~5VDC 标准信号，馈送给下级受信仪表。

二、安全栅

安全栅（Safety Barrier）是接在本质安全电路和非本质安全电路之间，将供给本质安全电路的电压或电流限制在一定安全范围内的装置。

安全栅的主要功能就是限制安全场所的危险能量进入危险场所，以及限制送往危险场所的电压和电流。安全栅在本安防爆系统中称为关联设备，是本安系统的重要组成部分。

常用的安全栅主要有齐纳式安全栅和隔离式安全栅。

（一）结构

齐纳式安全栅的主要元件有限压二极管（齐纳管）、限流电阻和快速熔断器。隔离式安全栅通常由回路限能单元、电流隔离单元和信号处理单元三部分组成。

（二）工作原理

如图 3-14(a) 所示，齐纳式安全栅中齐纳管 Z 用于限制电压。当回路电压接近安全限压值时，齐纳管导通，使齐纳管两端的电压始终保持在安全限压值以下。电阻 R 用于限制电流，当电压被限制后，适当选择电阻值，可将回路电流限制在安全限流值以下。熔断器 F 的作用是防止因齐纳管被长时间流过的大电流烧断而导致回路限压失效。

与齐纳式安全栅相比，隔离式安全栅［图 3-14(b)］除具有限压与限流的作用之外，还具有电流隔离的功能。

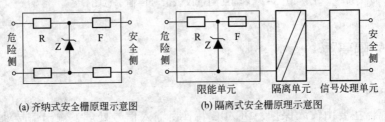

(a) 齐纳式安全栅原理示意图　　(b) 隔离式安全栅原理示意图

图 3-14　安全栅原理图

三、浪涌保护器

浪涌保护器（Surge Protection Device，SPD）是电子设备雷电防护中不可缺少的一种装置，也常称为"避雷器"或"过电压保护器"。浪涌保护器的作用是把窜入电力线、信号传输线的瞬时过电压限制在设备或系统所能承受的电压范围内，或将强大的雷电流泄流入地，保护被保护的设备或系统不受冲击而损坏，如图 3-15 所示。

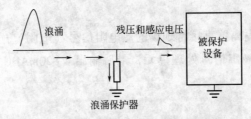

图 3-15　浪涌保护器防护原理示意图

（一）结构

浪涌保护器的类型和结构按不同的用途有所不同，但它至少应包含一个非线性电压限制元件。用于浪涌保护器的基本元器件有放电间隙、充气放电管、压敏电阻、抑制二极管和扼流线圈等，如图 3-16 所示。

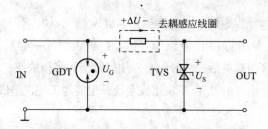

图 3-16　浪涌保护器结构示意图

（二）分类

按其用途分类，SPD 可以分为电源线路 SPD 和信号线路 SPD 两种。

按工作原理分类，浪涌保护器 SPD 可以分为电压开关型、限压型及组合型等。

（三）工作原理

1. 电压开关型 SPD

在没有瞬时过电压时呈现高阻抗，一旦响应雷电瞬时过电压，其阻抗就突变为低阻抗，允许雷电流通过，也被称为短路开关型 SPD。

2. 限压型 SPD

当没有瞬时过电压时，为高阻抗，但随电涌电流和电压的增加，其阻抗会不断减小，其电流电压特性为强烈非线性，有时被称为钳压型 SPD。

3. 组合型 SPD

由电压开关型组件和限压型组件组合而成，可以显示为电压开关型或限压型或两者兼有的特性，这决定于所加电压的特性。

四、A/D 模块

随着计算机技术的迅速发展，绝大多数的控制系统均实现了计算机化，其内部运行均为数字信号，因此，现场仪表远传的模拟信号在进入控制系统前，必须采用相应模拟—数字转换装置，即 A/D 模块。

（一）结构

4~20mADC 和 1~5VDC 信号是最常见的输入信号类型。现有的大多数 A/D 模块都采用了多路方式，其结构大致包括多路开关、隔离单元、A/D 转换器和通信单元，如图 3-17 所示。

目前市场上的 A/D 转换模块主要有两种通信接口类型：一类是并行总线型，主要作为

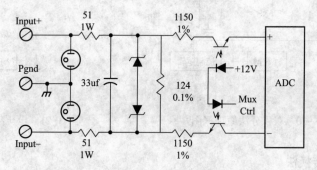

图 3-17　某型模块 4~20mA 电流输入电路

PLC、RTU（图3-18）等工控系统的专用模拟输入（A/I）模块，有专用的安装机架和多槽底座，通常与 PLC 或 RTU 专用的 CPU 模板和其他 I/O 模板组成一套系统。另一类为串口总线型，这种类型的模块连接相对灵活，一般没有专用的机架和多槽底座，通常使用通信电缆与其他接点进行通信，既能与相应的 CPU 模块组成系统，也能与工控机组成系统。

（二）工作原理

A/D 转换主要包括四个步骤：采样、保持、量化、编码。

就 A/D 转换的工作原理而言，常用的主要有以下三种方法：逐次逼近法、双积分法、电压频率转换法。

1. 逐次逼近法

逐次比较型 A/D 由一个比较器和 D/A 转换器通过逐次比较逻辑构成，从最高位 MSB 开始，顺序地对每一位将输入电压与内置 D/A 转换器输出进行比较，经 n 次比较而输出数字值。其基本原理是从高位到低位逐位试探比较，好像用天平称物体，从重到轻逐级增减砝码进行试探，如图 3-19 所示。

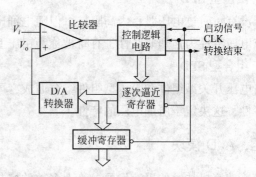

图 3-18　某型 RTU　　　　　图 3-19　逐次逼近法原理框图

2. 双积分法

积分型 A/D 工作原理是将输入电压转换成时间（脉冲宽度信号）或频率（脉冲频率），然后由定时器/计数器获得数字值，如图 3-20 所示。

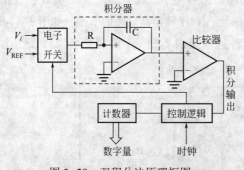

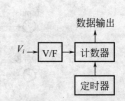

图 3-20　双积分法原理框图　　　　图 3-21　电压频率转换法原理框图

3. 电压频率转换法

电压频率转换法的原理是首先将输入的模拟信号转换成频率，然后用计数器将频率转换成数字量，如图 3-21 所示。

第四节　流量测量仪表

一、相关概念

（一）流量

流体流过一定截面的量称为流量。流量可分为瞬时流量和累积流量。

流量用体积表示时称为体积流量，用 q_V 表示；流量用质量表示时称为质量流量，用 q_m 表示。

流体的体积流量 q_V 等于流体的流速 v 与流通截面积 F 之积，即

$$q_V = Fv \tag{3-4}$$

式中　q_V——体积流量，m^3/s；

　　　F——流通截面积，m^2；

　　　v——流速，m/s。

设在测量压力、温度下流体的密度为 ρ，管路横截面上流体的质量流量 q_m 和体积流量 q_V 之间的关系为

$$q_m = q_V \times \rho \tag{3-5}$$

式中　q_m——质量流量，kg/s；

　　　ρ——流体的密度，kg/m^3。

（二）流量计

测量流量的器具称为流量计，通常由一次装置和二次装置组成。

一次装置是指产生流量信号的装置。根据所采用的原理，一次装置可在管道内部或外部。例如，对差压式流量计，一次装置包括测量管、节流装置及取压孔；对超声波流量计，一次装置包括测量管和超声波换能器。

二次装置是接受来自一次装置的信号并显示、记录、转换和（或）传送该信号以得到流量值的装置。

输出信号是指二次装置的输出，该信号是流量的函数。

二、流量计的分类

流量是一个动态量，其测量过程与流体流动状态、流体的物理性质、流量计前后直管段的长度等有关。目前已投入使用的流量计种类繁多，其测量原理、结构特性、适用范围以及使用方法等各不相同，所以其分类可以按不同原则划分，至今并未有统一的分类方法。按测量方法分类，流量测量仪表一般可分为容积法、速度法（流速法）和质量流量法三种。

1. 容积法

容积法是指用一个具有标准容积的容器连续不断地对被测流体进行度量，并以单位

（或一段）时间内度量的标准容积数来计算流量的方法。这种测量方法受流动状态影响较小，但流量测量上限较小。容积式流量计有计量准确、原理简单、量程比适中、对安装条件要求不严格等优点，但要求气质较干净。典型的容积式流量计有椭圆齿轮流量计、腰轮流量计和刮板流量计等。

2. 速度法

速度法是指根据管道截面上的平均流速来计算流量的方法，与流速有关的各种物理现象都可用来度量流量。由于这种方法是利用平均流速来计算流量，因而受管路条件的影响很大，但其有较宽的使用条件。

在速度式流量计中，差压式流量计历史悠久，技术最为成熟，是目前应用最为广泛的一种流量计。此外还有转子流量计、涡轮流量计、电磁流量计、超声波流量计等都属于速度式流量计。

3. 质量流量法

对于容积法和速度法，必须给出流体的密度才能得到质量流量。而流体的密度受流体状态参数（压力、温度）的影响，必然会给质量流量的测量带来误差。理想的质量流量法是测量与流体质量流量有关的物理量（如动量、动力矩等），从而直接得到质量流量。这种方法与流体的成分和参数无关，具有明显的优越性，但这种流量计结构都比较复杂，价格昂贵。目前此类流量计有科里奥利质量流量计、热式质量流量计等。

三、常用天然气流量测量仪表

天然气流量测量的对象是在管道中流动的成分复杂、流动压力、温度不固定的一种气体物质，流动状态的不稳定性、复杂的气质组分、气质清洁度、相关参数的测量等都会影响其测量的准确度。目前适用于天然气生产现场的流量计量仪表也比较多，按工作原理可分为差压式流量计（标准孔板流量计、靶式流量计）、容积式流量计（罗茨流量计、膜式燃气表）、速度式流量计（涡轮流量计、旋进旋涡流量计、超声波流量计）、质量式流量计（科里奥利质量流量计）等。

（一）标准孔板流量计

GB/T 21446《用标准孔板流量计测量天然气流量》规定了标准孔板的结构形式、技术要求、节流装置的取压方法、使用方法、安装和操作条件、检验要求，天然气在标准参比条件下体积流量、质量流量以及测量不确定度的计算方法。该标准适用于取压方式为法兰取压和角接取压的节流装置，用标准孔板对气田或油田采出的以甲烷为主要成分的混合气体的流量测量。该标准不适用于孔板开孔直径小于12.5mm，测量管内径小于50mm和大于1000mm，直径比小于0.1和大于0.75，管径雷诺数小于5000的场合。

1. 结构

标准孔板流量计是由节流装置、信号引线和二次仪表组成。

1）节流装置

使管道中流动的流体产生静压力差的一套装置。整套孔板节流装置由标准孔板、取压装置和上下游直管段组成。

（1）标准孔板。

标准孔板简称孔板，是由机械加工获得的一块圆形穿孔的薄板，如图 3-22 所示。它的节流孔圆筒形柱面与孔板上游端面垂直，其边缘是尖锐的，孔板厚与孔板直径相比是比较小的。它应在标准规定范围所提供的数据和要求进行设计、制造、安装和使用。

（2）孔板夹持器。

孔板夹持器是用来输出孔板产生的静压力差并安置和定位孔板的带压管路组件。每个孔板夹持器，至少应有一个上游取压孔和一个下游取压孔，不同取压方式的上下游取压孔位置应符合标准规定。孔板夹持器和测量管连接处不应出现台阶，夹持器与孔板的接触面应平齐。孔板夹持器的外圆柱表面上应刻有表示安装方向的符号、出厂编号和测量管内径的实测尺寸值。

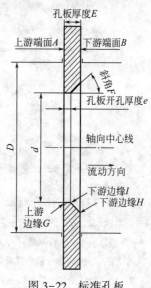

图 3-22　标准孔板

（3）测量管。

测量管是指孔板上下游所规定直管段长度的一部分，各横截面面积相等、形状相同、轴线重合且临近孔板，按技术指标进行特殊加工的一段直管。

2）二次仪表

标准孔板流量计的二次仪表包括：各种机械、电子或机电一体式差压计，压力计、温度计、气质分析仪、积算仪等。目前标准孔板流量计的二次仪表已发展为三化（系列化、通用化及标准化）程度很高的种类规格庞杂的一大类仪表，它既可测量流量参数，也可为其他参数测量（如压力、物位、密度等）服务。

（1）二次仪表的组合形式。

①电动差压、压力、温度变送器，单片机积算仪（或流量专用 RTU、流量计算机）等；

②电动差压、压力、温度变送器，工控机等；

③电动差压、压力、温度变送器、在线气体色谱分析仪、单片机积算仪（或流量专用 RTU、流量计算机）、工控机（作为上位机）等；

④双波纹管式差压计（附带压力计）、玻璃棒式水银温度计、求积仪、计算器等。

（2）流量计算机系统。

流量计算机系统由信号转换和采集单元、流量计算和处理单元以及输出单元构成。它能自动实时采集检测数据、自动实时处理数据、按标准规定自动实时计算天然气流量并对流量数据自动进行累计归档，同时对装置设置的基本参数、检测数据、事件进行历史储存和管理。

智能差压流量计是配合标准孔板节流装置使用的一体化天然气流量计，它是标准孔板流量计的一个特例，如图 3-23 所示。

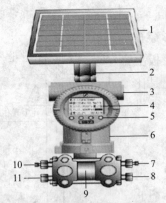

图 3-23　智能差压流量计结构图

1—电池板；2—方位调整螺钉；3—电缆出线口；4—液晶显示器；5—轻触键盘；6—防爆外壳；7—低压排气螺钉；8—低压排液螺钉；9—传感器；10—高压排气螺钉；11—高压排液螺钉

2. 工作原理

天然气流经节流装置时，流束在孔板处形成局部收缩，从而使流速增加，静压力降低，在孔板前后产生静压力差（差压），气流的流速越大，孔板前后产生的差压也越大，从而可通过测量差压来衡量天然气流经节流装置的流量大小。这种测量流量的方法是以能量守恒定律和流动连续性方程为基础的。

天然气在标准参比条件下的体积流量计算公式为

$$q_{Vn} = A_{Vn} CEd^2 F_G \varepsilon F_Z F_T \sqrt{p_1 \Delta p} \qquad (3-6)$$

式中　q_{Vn}——天然气在标准参比条件下的体积流量，m^3/s；

A_{Vn}——体积流量计量系数，视采用计量单位而定，秒体积流量计量系数 A_{Vns} = 3.1795×10^{-6}，小时体积流量计量系数 A_{Vnh} = 0.011446，日体积流量计量系数 A_{Vnd} = 0.27471；

C——流出系数；

E——渐近速度系数；

d——孔板开孔直径，mm；

F_G——相对密度系数；

ε——可膨胀性系数；

F_Z——超压缩系数；

F_T——流动温度系数；

p_1——孔板上游侧取压孔气流绝对静压，MPa；

Δp——气流流经孔板时产生的差压，Pa。

3. 特点

（1）该流量计是唯一一种按标准规定的技术要求进行加工制造、安装使用，不必进行实流检定或校准就能使用的流量计；

（2）无可动部件，耐用，适用于较大口径管道的计量；

（3）测量范围窄，压力损失大；

（4）计量准确度受安装条件和人为因素影响较大；

（5）前后直管段要求长，占地面积大；

（6）不能直接读出计量结果，使用不便（SGQ 流量计可直读，其他除外）。

（二）气体腰轮流量计

腰轮流量计，也称为罗茨流量计，是一种典型的容积式流量计。腰轮流量计作为气体计量仪表已有很长一段时间，过去腰轮流量计主要用于中低压、中小排量气体流量的测量。随着科技的进步，腰轮流量计各方面的性能均有提高，在中等压力、大排量气体流量测量中也开始应用，但对气质的要求较高。

1. 结构

腰轮流量计主要由壳体、腰轮转子组件（即内部测量元件）、驱动齿轮和计数指示器等部件构成。腰轮的组成有两种，一种是只有一对腰轮，如图3-24(a) 所示；另一种是两对互成45°角的组合腰轮组成，称为45°角组合式腰轮流量计，如图3-24(b) 所示。

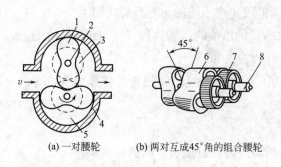

(a) 一对腰轮　　　　(b) 两对互成45°角的组合腰轮

图3-24　腰轮流量计结构图

1—腰轮；2—转动轴；3—驱动齿轮；4—外壳；5—计量室；6—腰轮；7—驱动齿轮；8—转动轴

从转子组合角度看，一对腰轮流量计振动、噪声相对较大，而两对45°角组合的流量计振动小，运行较平稳。

此外，腰轮流量计还分立式和卧式两种。立式腰轮流量计结构紧凑，可有效利用空间，减少占地；卧式腰轮流量计则占地面积较大。

2. 工作原理

气体腰轮流量计内部有一个具有一定容积的"计量室"空间，该空间是由流量计的运动件（即转子）和其外壳构成的。当被测气体流经测量室时，在流量计的进出口端形成一个压力差，在此压力差推动下，使流量计的转子不断运动，并将气体一次次地充满"计量室"空间，并从进口送到出口。由于"计量室"的容积是一个固定值，测量出运动件（即转子）的运动次数就可求出流经流量计的气体体积流量。

流量计的工作原理就是利用测量元件两个腰轮，把流体连续不断分割成单个的体积部分，利用驱动齿轮和计数指示机构以计量出流体总体积量，工作原理图如图3-25所示。

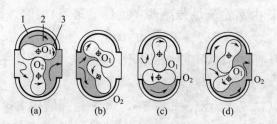

(a)　　　　(b)　　　　(c)　　　　(d)

图3-25　腰轮流量计工作原理图

1—壳体；2—计量室；3—腰轮

在图 3-25 中，由腰轮 O_1 的外测壁、壳体的内侧壁以及腰轮两端盖板之间，形成一封闭空间（即计量室），空间内的流体即为由测量元件将连续流体分割成单个体积。气体从流入口流入流体时，下面的腰轮虽然受到流入流体的压力，但是不产生旋转力，而上面的腰轮受到流入流体的压力后沿着箭头方向旋转，由于与两个腰轮同轴安装的两个齿轮啮合，因此两腰轮各自以 O_1、O_2 为轴按箭头方向旋转。当旋转变成图 3-25（b）的状态时，两个腰轮上都产生了沿箭头方向的旋转力，使旋转到图 3-25（c）的状态。此时与图 3-25（a）的状态相反，下面的腰轮产生旋转力，是旋转到图 3-25（d）的状态，完成从图 3-25（a）到下一个图 3-25（a）的以前的运转过程，便可排出四个计量室的体积量，从而将流体从入口送到出口。

设计量室的容积为 V_1，流体流过时，腰轮的转数为 N，则在 N 次动作的时间内流过流量计的流体体积 V 为

$$V = NV_1 \tag{3-7}$$

式中　V——N 次动作的时间内流过流量计的流体体积，m^3；

　　　N——腰轮的转数；

　　　V_1——计量室的容积，m^3。

3. 特点

（1）测量准确度高；

（2）流量计的特性一般不受流动状态的影响，也不受雷诺数大小的限制，适用性较好；

（3）测量范围较宽，典型的量程比为 10：1 至 30：1；

（4）直读式仪表，无需外部能源就可直接得到气体流量总量，使用方便；

（5）机械结构较复杂，仪表适用中小流量测量；

（6）适用于洁净、单相流体，工作压力、使用温度、口径、流量范围均有一定局限性。

（三）涡轮流量计

涡轮流量计是速度式流量计中的一种，距今已有一百余年的历史。它具有结构简单、重量轻、准确度高、压力损失小、量程范围宽、振动小、抗脉动流性能较好等特点，可适应高参数（如高温、高压）情况下的测量。

1. 结构

典型的涡轮流量计由涡轮流量传感器（也称变送器）、前置放大器和显示仪表所组成。

涡轮流量传感器典型的结构如图 3-26 所示。涡轮流量传感器主要由仪表壳体、导流器、涡轮、轴与轴承、磁电转换器、前置放大器等组成。

气体涡轮流量计以轴流式为例，如图 3-27 所示。其结构主要包括：壳体、前导流器、导流圈、涡轮（叶轮）、防尘迷宫件、轴承、主轴、内载式储油管、后导流器、加油系统、信号发生器、信号感染器、压力传感器、温度传感器、内藏式四通阀组件等。

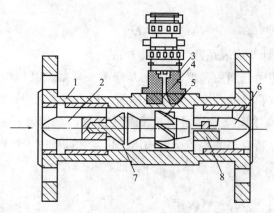

图 3-26　涡轮流量传感器结构图

1—壳体；2—导流器；3—前置放大器；4—磁电转换器；5—斜叶轮；6—导流器；7、8—轴承

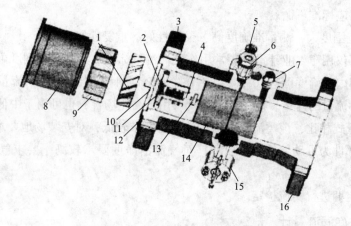

图 3-27　涡轮流量传感器结构图

1—叶轮；2—轴承；3—储油管；4—压板；5—四通阀组；6—压力传感器组件；

7—温度信号传感器组件；8—整流器；9—导流圈；10—主轴；11—迷宫件；

12—机芯；13—发信盘组件；14—后导流体；15—油泵组件；16—壳件

2. 工作原理

当被测流体通过涡轮流量传感器时，流体通过导流器冲击涡轮叶片。由于涡轮的叶片与流体流向成一定角度，流体的冲击力对涡轮产生转动力矩，使涡轮克服流体阻力矩和机械摩擦阻力矩后而转动。在一定的流量范围内，对于一定的流体介质黏度、涡轮的旋转角速度与通过涡轮的流量成正比，所以通过测量涡轮的旋转角速度就可测量流体的流量。

涡轮的旋转角速度一般都是通过安装在传感器壳体外面的信号检测放大器用磁电感应的原理来测量转换的。当涡轮旋转时，涡轮上由导磁不锈钢制成的螺旋形叶片依次接近和远离管壁处的磁电感应线圈，周期性地改变感应线圈磁回路的磁阻，使通过线圈的磁通量发生周期性地变化而产生与流量成正比的脉冲电信号。此脉冲电信号经信号检测放大器放大整形后送至显示仪表（或计算机）显示出流体的流量。

在某一流量、一定黏度范围内，涡轮流量计的体积流量（q_V）与输出的信号脉冲频率（f）成正比，即：

$$f = Kq_V \qquad (3-8)$$

式中　K——涡轮流量计的仪表系数，$1/L$ 或 $1/m^3$。

　　在涡轮流量计的使用范围内，仪表系数 K 应为一常数，其值由实验标定得到。每一台涡轮流量传感器的校验（或合格）证上都标明经过实流校验得到的 K 值。

　　K 值的意义是单位体积流量通过涡轮流量传感器时，传感器输出的信号脉冲频率 f（或信号脉冲总数 N）。所以当测得传感器输出的信号脉冲频率 f 或某一时间内的脉冲总数 N 后，就可以得到体积流量 q_V 或流体总量 V，即有

$$q_V = \frac{f}{K} \quad 或 \quad V = \frac{N}{K} \qquad (3-9)$$

3. 特点

　　（1）技术成熟。在欧美国家的天然气流量计量中被广泛应用，在我国也已经成功应用多年，并有相应标准可循。

　　（2）测量范围度大，测量准确度高、灵敏性好、重复性好。

　　该流量计不仅用于工业计量，还常用作气体流量标准。其测量范围度可达 $1:10\sim1:30$；在这个范围内准确度可达 $\pm0.2\%\sim\pm1.0\%$。该流量计既能适应大中流量的计量，也能较好地适应微小流量的计量。该类流量计既可用于高压场合，也可用于中低压场合。

　　（3）与差压式相比，该类流量计对气流流态要求较低，对安装场地要求低。

　　（4）测量部件为可动部件，易损坏，对气流洁净度要求较高，要求气流平缓，不适合冲击性气流。

　　（5）需要定期进行实流检定。

（四）旋进旋涡流量计

　　根据流体受阻会产生震动旋涡的原理制成的流量传感器，即旋涡式流量计。流体在流动过程中遇到某种阻碍后在它的下游会产生一系统自激振荡的旋涡，测量流体旋涡的振动频率可推算出流量值。

　　旋涡流量计是速度式流量计的一种，它利用流体振荡原理来进行流体流量的测量，可分为流体强迫振荡的旋涡振动式和自然振荡的卡门旋涡分离型，前者称旋进旋涡流量计，后者称涡街流量计。

　　旋进旋涡流量计可适用于石油、蒸汽、天然气、水等多种介质的流量测量，并可实现压力、温度及压缩系数等动态参数的在线自动补偿。

1. 结构

　　旋进旋涡流量计主要由流量传感器、温度传感器、压力传感器、和转换器（转换显示仪）四部分组成，各部件组成见图 3-28。流量传感器包括起旋器（旋涡发生器）、检测元件、消旋器（除旋整流器）和仪表壳体等。

2. 工作原理

　　当沿着轴向流动的气流进入流量计入口时，在旋涡发生器的作用下产生旋涡流，旋涡流在文丘里管中旋进，到达收缩段突然节流，使旋涡加速；当旋涡流突然进入扩散段后，

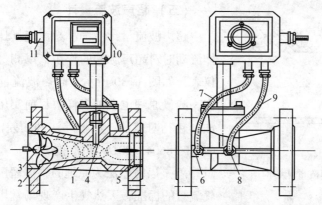

图 3-28　旋进旋涡智能流量计结构示意图

1—主体结构；2—壳体；3—旋涡发生器；4,8—压力传感器；5—除旋整流器；

6—温度传感器；7,9—防爆软管；10—转换显示仪；11—引出线

由于旋涡急剧减速，压力上升，旋涡中心区的压力比周围低，产生回流（图 3-29）。因回流作用强制产生二次旋涡流，此时旋涡流的旋转频率与介质流速成函数关系。根据这一原理，采取通过流量传感器的检测元件检测出这一频率信号，并与固定在流量计壳体上的温度传感器和压力传感器检测出的温度、压力信号一并送入流量计算机中进行处理，最终显示出被测流量在标准状态下的体积流量。

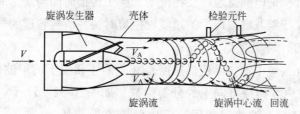

图 3-29　旋进旋涡智能流量计工作原理图

3. 特点

与孔板流量计相比，智能式旋进旋涡流量计具有以下几个主要特点：

（1）测量性能尚可，由该流量计构成的计量系统的测量不确定度能够满足目前的贸易计量要求（≤2%），其测量的重复性、稳定性较差。

（2）流量测量范围较宽（$q_{max}/q_{min} = 15 \sim 20$），可在孔板流量计无法涉足的部分小流量区域进行有效工作。

（3）无可动部件，耐用性好，适合较为恶劣的测量环境。

（4）对流态要求较低，流量计上、下游直管段可较孔板流量计短。

（5）智能式流量计可实现机电一体化，既能就地显示，也可按需远传，测量操作管理难度相对较低。体积小、重量轻，离线检定、校准较为方便。

（6）对环境、工艺条件要求较高，外界振动、流体脉动对流量计量性能影响很大，大流量计量应慎用。

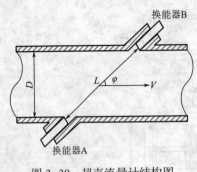

图 3-30 超声流量计结构图

（五）超声波流量计

超声波流量计（简称超声流量计）是通过检测流体流动时对超声脉冲的作用，以测量流体体积流量的仪表，如图 3-30 所示。超声波流量计由于其种类较多，测量原理也多种多样，目前实用的是传播速度差法（包括时差法、相位差法和频差法）。我国颁布的 GB/T 18604—2014《用气体超声流量计测量天然气流量》就是以时差法为原理的气体超声流量计测量天然气流量的标准，天然气生产现场常用的也是以时差法为原理的气体超声流量计。

1. 结构

时差法超声流量计主要由超声流量传感器和变送器等组成，如图 3-30 所示。超声流量传感器是超声流量计的重要组成部分，包含换能器（探头）、管道（或标准管段）以及安装附件等。

2. 工作原理

一般情况下被测量的天然气流速在每秒数米以下，而声速约为 1500m/s，流速带给声速的变化量不过是 10^{-3} 数量级。由于流体流速不同，会使超声波的传播速度发生变化，时差法超声波流量计就是以测量超声波在流动介质中传播时间与流量的关系为原理。在有气体流动的管道中，超声波顺流传播的速度比逆流时快，流过管道的气体流速越快，超声波顺流和逆流传播的时间差越大。

通常认为声波在流体中的实际传播速度是介质静止状态下的声波传播速度 C_f 和流体轴向平均流速 V_m 在声波传播方向上的分类组成，如图 3-31 所示。如果没有流动，声波将以相同速度向两个方向传播。当管道内的气体流速不为零时，沿气流方向顺流传播的脉冲将加快速度，而逆流传播的脉冲将减慢。因此，对于有气流的情况，顺流传播的时间 $t_{顺}$ 将缩短，逆流传播的时间 $t_{逆}$ 会增长，分别测量它们的传播时间（这两个传播时间都由电子电

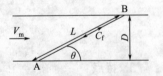

图 3-31 声波传播示意图

路进行测量），其传播时间差与气体的平均流速有关，时间差越大，则流速也越大，只要精确地测出传播时间差，就可以准确计算出流速。

超声波气体流量计分单声道和多声道，最多可达到 6 个声道，无论声道多少，其工作原理都是相同的。两个能发射和接收声脉冲的探头安装在管道一侧或两侧，其中一个探头发射超声波脉冲被另一个探头接收（如图所示）。这样，两个探头便构成了声道。在几毫秒之内两个探头轮流发射和接收超声波脉冲，沿顺流方向的声道传播的超声波脉冲和气流速度分量叠加，声速增大，而沿逆流方向声道上的超声波脉冲的速度要减去一个气体流速的速度分量，声速减小，这就形成了顺流方向和逆流方向传输时间的时间差，根据时间差，其传输速度为

$$t_{顺} = \frac{L}{C_f + V_m \cos\theta} \tag{3-10}$$

$$t_{逆} = \frac{L}{C_f - V_m \cos\theta} \tag{3-11}$$

式中　$t_{顺}$——超声波在流体中顺流传播时间；

$\quad\quad t_{逆}$——超声波在流体中逆流传播时间；

$\quad\quad L$——声道长度（声程）；

$\quad\quad C_f$——声速；

$\quad\quad V_m$——流体的轴向平均流速；

$\quad\quad \theta$——管道轴线与声道之间的夹角。

根据上两式就可以推出被测气体的流速为

$$V_m = \frac{L}{2\cos\theta}\left(\frac{1}{t_{顺}} - \frac{1}{t_{逆}}\right) \tag{3-12}$$

根据测量出来的气体流速，便可以求出气体的体积流量为

$$Q = \frac{\pi D^2}{4} \cdot \frac{L}{2\cos\theta}\left(\frac{1}{t_{顺}} - \frac{1}{t_{逆}}\right)\frac{p}{T}\frac{T_n}{p_n}\frac{1}{Z} \tag{3-13}$$

式中　Q——标准状态下气体的体积，m^3/s；

$\quad\quad D$——管道的内径，mm；

$\quad\quad p$，T——管道中实测的气体压力和温度，MPa、K；

$\quad\quad p_n$，T_n——标准状态下气体的压力和温度，MPa、K；

$\quad\quad Z$——气体压缩系数。

3. 特点

超声流量计与孔板、涡轮等传统流量计量相比，有如下特点：

（1）适用于各种管径气体流量的高精度计量。管径最大可达 1600mm，流量和管径越大精确度越高。100~1600mm 管径的超声波流量计，在较大流量条件下，其准确度优于或等于被测流量的 0.5%。

（2）测量范围（量程比）很宽，一般为 1:40~1:160；

（3）重复性很高，能实现双向流量计量；

（4）流量计本身无压力损失，可精确测量脉动流，不受沉积物或湿气的影响；

（5）所需上下游直管段较短，上游 10D、下游 3D；

（6）不受涡流和流速剖面变化的影响；

（7）不受压力、温度、相对分子质量、气体组分变化的影响；

（8）可测质量流量；

（9）系统本身有自我检测功能，能进行自检；

（10）可允许清管球自由通过，可忍受较长时间的超量程运行。

（六）靶式流量计

靶式流量计是差压流量计的一个品种，它在工业上的开发应用已有数十年的历史。我

国于 20 世纪 70 年代开发电动、气动靶式流量变送器它是电动、气动单元组合仪表的检测仪表。由于当时力转换器直接采用差压变送器的力平衡机构，这种流量计使用时不免带来力平衡机构本身所造成的诸多缺陷，如零位易漂移、测量精确度低、杠杆机构可靠性差等。由于力平衡机构性能不佳的拖累，靶式流量计本身的许多优点亦未能得到有效的发挥，旧靶式流量计的应用未得到很好的发展。

新型靶式流量计的力转换器采用应变式力转换器，它完全消除了上述力平衡机构的缺点。新型靶式流量计还把微电子技术和计算机技术应用到信号转换器和显示部分，具有一系列优点，相信今后在众多流量计中会发挥重要的作用。

1. 结构

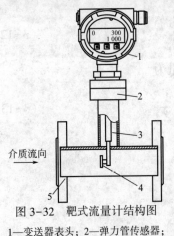

靶式流量计由检测装置、力转换器、信号处理和显示仪等组成。检测装置包括测量管和靶板，力转换器为应变计式传感器，信号处理和显示仪可以就地直读显示或远距标准信号传输等。

靶式流量计的结构形式可分为管道式、夹装式和插入式等，各类结构形式还可分为一体式和分离式两种。一体式为现场直读显示，而分离式则把数码显示仪与检测装置分离（一般不超过 100m），如图 3-32 所示。

图 3-32 靶式流量计结构图

1—变送器表头；2—弹力管传感器；
3—靶杆；4—靶板；5—测量管

2. 工作原理

流体流动形成的力作用在靶板上，使靶产生微小位移，靶板受力经不锈钢靶杆传递给压敏应变片，应变片电阻 A2、A4 受挤压后电阻变小，A1、A3 受拉伸而电阻变大，此时电桥平衡被打破，经应变片电桥把力转换成与流速的平方成正比关系的电信号。

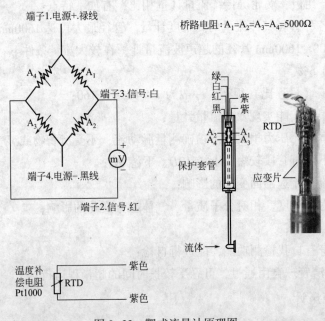

图 3-33 靶式流量计原理图

在测量管（仪表表体）中心同轴放置一块圆形靶板，当流体冲击靶板时，靶板上受到一个力 F，它与流速 V、介质密度 ρ 和靶板受力面积 A 之间的关系式为

$$F = C_D \frac{\rho V^2}{2} \tag{3-14}$$

式中　F——靶板上受的力，N；

　　　C_D——阻力系数；

　　　ρ——流体密度，kg/m^3；

　　　V——流体流速，m/s；

　　　A——靶板受力面积，m^2。

经推导与换算，得流量计算式为

$$q_m = 4.512\alpha\left(\frac{1}{\beta} - \beta\right)\sqrt{\rho F} \tag{3-15}$$

$$q_V = 4.512\alpha\left(\frac{1}{\beta} - \beta\right)\sqrt{\frac{F}{\rho}} \tag{3-16}$$

其中　　　　　　　　　　　　$\beta = d/D \tag{3-17}$

式中　q_m，q_V——分别为质量流量和体积流量，kg/h、m^3/h；

　　　α——流量系数；

　　　β——直径比；

　　　D——测量管内径，mm；

　　　d——靶板直径，mm。

靶板受力经力转换器转换成电信号，经前置放大、A/D 转换及计算机处理后，可得到相应的流量和总量。

3. 特点

（1）感测件为无可动部件，结构简单牢固；

（2）测量范围宽，量程比可从 4:1~15:1 至 30:1；

（3）灵敏度高，能测量微小流量，流速可低至 0.08m/s；

（4）可用于小口径（DN15mm~DN50mm）、低雷诺数 $Re_d = (1~5)\times10^3$ 的流体，可以弥补标准节流装置难以应用的场合；

（5）可适应高参数流体的测量，压力高达数十兆帕，温度达 450℃；

（6）可用于双向流动流体的测量；

（7）压力损失较低，约为标准孔板的一半；

（8）抗上游阻流件干扰能力强，上游直管段长度一般（5~10)D 即可；

（9）可采取干式（挂重法）校验，周期校验较为方便；

（10）直读式仪表无须外能源，清晰明了，操作简便，亦可输出标准信号（脉冲频率或电流信号）。

第五节 物位测量仪表

一、物位的概念

物位是指物料相对于某一基准的位置，是液位、料位和相界面的总称。

在石油和化工等工业生产过程中，常需要对一些设备和容器内的物位进行测量和控制，例如：气体—液体间的液位高度；气体—固体颗粒或粉末的料位高度；液体—固体间、液体—液体间的界面高度的测量等，统称为物位的测量。天然气生产过程中主要是液位的测量，测量液位的仪表称为液位计。

二、物位测量仪表的分类

按基本工作原理，主要有以下几种类型：

（1）直读式物位仪表：利用连通器原理，通过与被测容器连通的玻璃管或玻璃板来直接显示容器中的液位高度，如玻璃管液位计、玻璃板液位计等。

（2）浮力式物位仪表：依据力平衡原理，利用浮子一类悬浮物的位置随液面的变化而变化来反映液位。它可分为两种：一种是维持浮力不变的恒浮力式液位计，如浮标式液位计、浮球式液位计；另一种为变浮力式液位计，如浮筒式液位计。

（3）静压式物位仪表：利用容器内的液位改变时，由液柱产生的静压也相应变化的原理而工作的。它可分为压力式物位仪表和差压式物位仪表。

（4）电气式物位仪表：将物位的变化转换为电量的变化，通过测量这些电量的变化间接测量物位。根据电量参数的不同，可分为电导式、电容式和电感式三种。

（5）核辐射式物位仪表：利用核辐射透过物料时，物质对放射性同位素放射的射线吸收作用为基础来进行物位测量。

（6）声波式物位仪表：利用超声波在气体、液体或固体中的传播速度及在不同相界面之间的反射特性来测量物位。

（7）光学式物位仪表：利用物位对光波的遮断和反射原理来进行物位测量，主要有激光式物位计，可以测液位和物料等。

三、常用物位仪表

（一）玻璃管液位计、玻璃板液位计

玻璃管液位计适用于工业生产过程中一般储液设备中的液体位置的现场检测，其结构简单，属于现场就地显示仪表，但读数不是十分准确，是传统的现场液位测量工具。

1. 结构

玻璃管液位计、玻璃板液位计是一种直读式液位测量仪表，通过与被测容器连通的玻璃管或玻璃板来直接显示容器中的液位高度，其结构如图3-34所示。图中，观察管4多为玻璃管，其上刻有对应的液位值。实际应用中，也可外包金属或其他材料制成的保护

管，但需露出标尺或刻度。该液位计两端各装有一个针形阀，当玻璃管发生意外事故而破碎时，可关闭针形阀，以防止容器内介质继续外流。

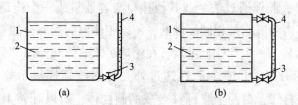

图 3-34 玻璃管液位计示意图

1—容器；2—被测液体；3—阀门；4—玻璃管

2. 工作原理

仪表采用连通器原理，在上下阀上都装有螺纹接头，通过法兰与容器连接构成连通器，透过玻璃板可直接读得容器内液位的高度。

（二）磁翻柱式液位计

磁翻柱液位计是以磁浮子为测量元件，磁钢驱动翻柱显示，无需能源。磁翻柱液位计可以配置上、下限开关输出，实现远距离报警、限位控制；也可配置变送器，可实现液位的远距离指示、检测与控制，是石油、化工等工业部门的理想液位测量产品。磁翻柱液位计全过程测量无盲区，显示醒目，读数直观，测量范围大，且可以做到高密封、防泄漏，适应高压、高温、腐蚀性条件下的液位测量，安全性较高。目前生产现场多用于分离器污水液位、吸收塔液位的测量。

1. 结构

磁翻柱液位计由磁性指示器和浮球两部分组成。磁性指示器由装有小磁钢的红白相间的磁翻柱及护板等组成。根据在容器安装位置的不同，磁翻柱液位计有侧装和顶装两种形式，其结构如图 3-35 所示。

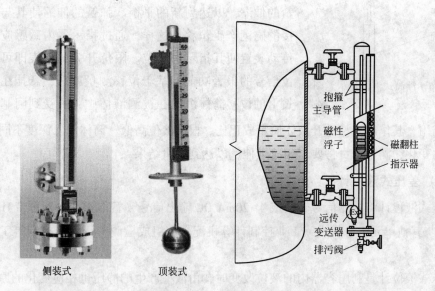

侧装式　　顶装式

图 3-35 磁翻柱式液位计结构图

2. 工作原理

磁翻柱液位计根据浮力原理和磁性耦合作用研制而成。它有一个容纳浮球的腔体（称为主体管或外壳），腔体通过法兰或其他接口与容器组成一个连通器。这样，仪表的腔体内的液面与容器内的液面是相同高度的，所以腔体内的浮球会随着容器内液面的升降而升降；腔体的外面装了一个翻柱显示器，在浮球沉入液体与浮出部分的交界处安装了磁钢，它与浮球随液面升降时，它的磁性透过外壳传递给翻柱显示器，推动磁翻柱翻转180°；由于磁翻柱是有红、白两个半圆柱合成的圆柱体，所以翻转180°后朝向翻柱显示器外的会改变颜色（液面以下红色、以上白色），两色交界处即是液面的高度。

为了扩大它的使用范围，还可以根据相关标准及要求增加液位变送装置，以输出多种电信号（如电阻、电压、电流信号）。比如在监测液位的同时安装磁控开关信号，可用于对液位进行控制或报警；在翻柱液位计的基础上增加了 4~20mA 变送传感器，在现场监测液位的同时，将液位的变化通过变送传感器、线缆及仪表传到控制室，实现远程监测和控制。

（三）浮筒式液位计

1. 结构

浮筒式液位计属于变浮式液位计，是专用于测量压力容器内液位，由浮筒、弹簧、磁钢室和指示器四个基本部分组成，如图 3-36 所示。

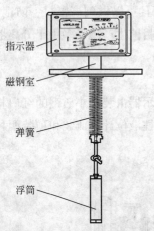

图 3-36　浮筒式液位计示意图

指示器
磁钢室
弹簧
浮筒

2. 工作原理

浮筒式液位计是根据阿基米德定律和磁耦合原理设计而成。当浸在液体中的浮筒受到向下的重力、向上的浮力和弹簧弹力的复合作用，这三个力达到平衡时，浮筒就静止在某一位置。当液位发生变化时，浮筒所受浮力相应改变，平衡状态被打破，从而引起弹力变化即弹簧的伸缩，以达到新的平衡。弹簧的伸缩使其与刚性连接的磁钢产生位移。这样，通过指示器内磁感应元件和传动装置使其指示出液位。限位开关的仪表即可实现液位信号的报警功能。基于位移测量原理，悬挂在测量弹簧上的位移筒体沉浸在被测液体中，并受到阿基米德向上浮力作用，其作用力与排开液体质量成正比。根据液位高低，筒体浸入深度不同，向上浮力发生变化，测量弹簧将要作相应延伸，以达到测量结果。

（四）差压式液位计

差压式液位计将被测信号转换成 4~20mA DC 输出信号（智能型变送器可带 Hart 协议通讯），与其他单元组合仪表或工业控制计算机配合，组成检测、记录、控制等工业自动化系统。

差压式液位计是利用容器内的液位改变时，由液柱产生的静压也相应变化的原理工作的，如图 3-37(a) 所示。

对密闭储槽或反应罐，设底部压力为 p，液面上的压力为 p_s，液位高度为 H，则有

$$p = p_s + \rho g H \tag{3-18}$$

式中　ρ——介质密度；

　　　g——重力加速度。

由式（3-18）可得

$$\Delta p = p - p_s = \rho g H \tag{3-19}$$

通常被测介质的密度 ρ 是已知的，压差 Δp 与液位高度 H 成正比，测出压差就知道被测液位高度。

当被测容器敞口时，气相压力为大气压。差压计的负压室通大气即可，此时也可用压力计来测量液位；若容器是密闭的，则需将差压计的负压室与容器的气相相连接。因此，各种压力计、差压计和气动差压变送器、电动差压变送器都可以用来测量液位的高度。

当差压计的正取压口和液位零点在同一水平位置时，不需零点迁移，见图 3-37（a）；当差压计低于液位零点时，且导压管内有隔离液或冷凝液时，需对差压计的零点进行负迁移，见图 3-37（b）；当差压计低于液位零点时，需对差压计的零点进行正迁移，见图 3-37（c）。

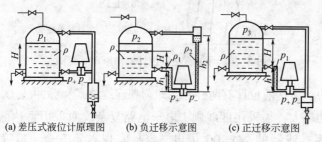

(a) 差压式液位计原理图　(b) 负迁移示意图　(c) 正迁移示意图

图 3-37　差压式液位计示意图

（五）雷达式液位计

雷达液位计是通过天线向被测介质发射微波，然后测出微波发射回来和反射回来的时间而得到容器内液位的一种仪表。总体来说分可分为接触式（导波雷达液位计）和非接触式（智能雷达液位计）两大类。导波雷达液位计包括单杆式、双杆式、同轴式三种；智能雷达液位计包括棒式天线和喇叭口天线两种。其中每类又都有高频雷达和低频雷达之分。导波雷达液位计运用先进的雷达测量技术，在槽罐中有搅拌、温度高、蒸汽大、介质腐蚀性强、易结疤等恶劣的测量条件下，显示出其卓越的性能，广泛地应用于工业生产中。以导波式雷达液位计为例进行介绍。

1. 结构

常用的导波式雷达液位计采用接触式的测量方法，带有金属棒或柔性缆的导波杆，安装时从测量罐的罐顶直达罐底，工作时，微波会沿着导波杆外侧向下传播，在碰到液位时由于介电常数与空气不同，就会产生反射，并被接收。

导波雷达料位计主要由发射和接收装置、信号处理器、天线、操作面板、显示、故障

报警等组成。

2. 工作原理

雷达液位计采用发射—反射—接收的工作模式。雷达液位计的天线发射出电磁波，电磁波经被测对象表面反射后，再被天线接收，电磁波从发射到接收的时间与到液面的距离成正比，关系式为

$$D = CT/2 \qquad\qquad (3-20)$$

式中　D——雷达液位计到液面的距离；

　　　C——光速；

　　　T——电磁波运行时间。

图 3-38　导波雷达液位计示意图

雷达液位计记录脉冲波经历的时间，而电磁波的传输速度为常数，则可算出液面到雷达天线的距离，从而知道液面的液位。

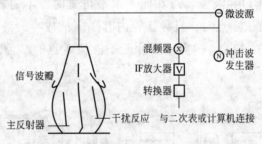

图 3-39　导波雷达液位计工作原理示意图

在实际运用中，雷达液位计有两种方式即调频连续波式和脉冲波式。采用调频连续波技术的液位计，功耗大，须采用四线制，电子电路复杂。而采用雷达脉冲波技术的液位计，功耗低，可用二线制的 24V DC 供电，容易实现本质安全，精确度高，适用范围更广。

第六节　气体检测仪表

在天然气生产场所，选择合适的气体检测仪是十分必要的。目前对于有毒有害气体的认识更多地集中于可燃气体、可以引起急性中毒的气体（硫化氢、氰氢酸等），以及某些常见的有毒气体（一氧化碳）、氧气等检测仪上，下面简要介绍这几类气体检测仪表。

一、气体检测仪的分类

(一) 按使用方式分类

气体检测仪分为固定式气体检测仪和便携式气体检测仪。

1. 固定式气体检测仪

固定式气体检测仪一般为两体式：由传感器和变送组成的检测头为一体，安装在检测

现场；由电路、电源和显示报警装置组成的二次仪表为一体，安装在安全场所（如值班室），便于监视。只是在工艺和技术上更适合于固定检测所要求的连续、长时间稳定等特点。同时要注意将它们安装在特定气体最可能泄漏的部位，比如要根据气体的密度选择传感器安装的最有效的高度等。

2. 便携式气体检测仪

便携式气体检测仪由传感器、电子部件、显示部分组成。由于便携式仪器操作方便，体积小巧，可以携带至不同的生产场所，电化学检测仪采用碱性电池供电，可连续使用1000h，新型 LEL 检测仪采用可充电池，一般可以连续工作近 12h。

随着制造技术的发展，便携式多气体（复合式）检测仪也是一个新的选择。这种检测仪可以在一台主机上配备所需的多个气体（无机/有机）检测传感器，所以它具有体积小、重量轻、响应快、同时显示多种气体浓度的特点。现场常用的便携式三合一（或四合一）气体检测仪，即通过增加检测仪传感器的方式，就能同时监测三种气体（H_2S、CO、O_2）或四种气体（CH_4、H_2S、CO、O_2）的气体检测报警器。

（二）按工作原理分类

气体检测仪的关键部件是气体传感器。气体传感器从原理上可以分为三大类：

（1）利用物理化学性质的气体传感器：如半导体式、催化燃烧式、固体热导式等。

（2）利用物理性质的气体传感器：如热传导式、光干涉式、红外吸收式等。

（3）利用电化学性质的气体传感器：如电流型、电势型等。

根据危害，可将有毒有害气体分为可燃气体和有毒气体两大类。由于它们性质和危害不同，其检测手段也有所不同。下面介绍几种常用的气体检测仪。

二、可燃气体检测报警仪

可燃气体是石油化工等工业场合遇到最多的危险气体，它主要是烷烃等有机气体和某些无机气体。仪器的检测原理主要有催化燃烧型、红外线吸收型、热导型等。

（一）结构

可燃气体检测报警仪主要有检测元件、放大电路、报警系统、显示器等组成，用于监测环境中可燃气体的浓度，如图 3-40 所示。

现场常用固定式可燃气体检测报警仪和便携式可燃气体检测报警仪，工作原理相同，只是外形结构有区别。固定式报警仪的传感器和变送组成的检测单元为一体，安装在检测现场；电路、电源和显示报警装置组成的二次仪表为一体，安装在安全场所（如值班室），便于监视。而便携式报警仪的检测元件、放大电路、报警系统、显示器部分，合为一体，体积小巧，可以携带至不同的生产场所。

（二）工作原理

常用的催化燃烧式可燃气体检测仪，它的工作原理是一个双路电桥（惠斯通电桥）检测单元（图 3-41）。其中的一个铂金丝电桥上涂有催化燃烧物质，不论何种易燃气体，只要它能够被电极引燃，铂金丝电桥的电阻就会随着温度变化发生改变，这种电阻变化与可燃气体的浓度成一定比例，通过仪器的电路系统和微处理机可以计算出可燃气体的浓度。

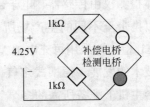

图 3-40 便携式四合一气体检测仪　　图 3-41 惠斯通电桥结构示意图（LEL）

三、硫化氢气体检测仪

天然气生产场所常见的有毒气体，主要有硫化氢（H_2S），常用的有固定式硫化氢气体检测仪和便携式硫化氢气体检测仪，如图 3-42 所示。

（一）结构

硫化氢气体检测仪主要有电化学传感器或光化学传感器、电子部件和显示部分组成，由传感器将环境中硫化氢气体转换成电信号，并以浓度（摩尔分数）显示出来。

这两种报警仪的工作原理相同，只是外形结构有区别。固定式报警仪的传感器和变送组成的检测单元为一体，安装在检测现场；电路、电源和显示报警装置组成的二次仪表为一体，安装在安全场所（如值班室），便于监视。而便携式报警仪的传感器、电子部件和显示器部分，合为一体，体积小巧，可以携带至不同的生产场所。

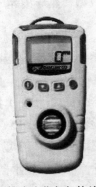

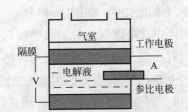

图 3-42 便携式硫化氢气体检测仪外观图　　图 3-43 定电位电解式气体传感器原理图

（二）工作原理

电化学传感器是将两个反应电极—工作电极和对电极以及一个参比电极放置在特定电解液中（图 3-43），然后在反应电极之间加上足够的电压，使透过涂有重金属催化剂薄膜的待测气体进行氧化还原反应，再通过仪器中的电路系统测量气体电解时产生的电流，然后由其中的微处理器计算出气体的浓度。

四、氧气检测仪

氧气在工业环境中，尤其是在密闭环境中十分重要的因素。一般将氧气含量超过23.5%称为氧气过量（富氧），此时很容易发生爆炸危险；而氧气含量低于19.5%为氧气不足（缺氧），此时很容易发生窒息、昏迷以至死亡的危险；正常的氧气含量应当在20.9%左右。现场常用电化学氧测定仪检测氧气含量。下面以它为例进行介绍。

（一）结构

电化学氧测定仪通常由电化学氧传感器、气路单元和电子显示单元等组成。

（二）工作原理

其工作原理与硫化氢气体检测相同。

图 3-44　电化学氧测定仪测量程序图

五、一氧化碳气体检测仪

天然气生产场所还能检测到的有毒气体还有一氧化碳（CO）。

（一）结构

一氧化碳气体检测仪主要由传感器加上电子部件和显示部件组成，由传感器将环境中一氧化碳气体转换成电信号，然后通过电子部件处理，并以浓度值显示出来。

（二）工作原理

其工作原理与硫化氢气体检测仪相同。

第七节　测量控制系统

随着电子与计算机技术的迅猛发展，自动化系统在天然气生产中得到越来越广泛的应用，其重要性与日俱增。

一、生产过程自动化系统

生产过程中自动化系统大致可以分为以下三类。

（一）自动检测系统

在生产过程中，为了及时准确地了解与掌握生产过程运行的情况，需要采用各种自动检测仪表，不断地对工业生产过程的各个参数进行检测，并将测量结果自动显示或记录下来，以代替操作者对各个参数的不断观察和记录。

例如，天然气流量计量系统就可以看作是自动检测系统的一种。

(二) 自动调节系统

生产过程中各种工艺条件不可能一成不变的，生产过程大多属连续生产过程，各个设备都相互关联着，其中某一设备中的工艺条件发生变化时，都可能引起其他设备中某些参数波动，为了保证生产能按预定生产技术指标的要求正常进行，需要采用自动控制装置，对生产中某些重要的参数进行自动控制，使它在受到外界干扰而偏离正常状态时，能自动恢复到规定数值范围内。

该系统主要是对模拟量进行的控制。在天然气生产过程中常用于天然气脱水、天然气净化等工艺过程。

(三) 自动信号联锁保护系统

当生产过程由于某一偶然因素，如仪表失灵或工艺原因引起生产过程不正常时，就有引起爆炸、燃烧或其他事故的可能。为了确保生产安全，保证产品质量，常对关键参数设有信号自动连锁装置。在事故即将发生前，信号系统能自动地发出声、光报警信号，提醒操作人员注意。如果工况过程接近危险状态时，联锁系统立即采取紧急措施，打开安全阀或切断某些通路，必要时紧急停车，以防事故的发生和扩大。这是生产过程中的一种安全保护装置。

例如在天然气增压机组的控制系统中，多数控制都属于此类。

以上的分类，主要从功能的角度来区分，而在实际应用中，一般是以上三种系统混合使用。随着技术的发展，往往是在一套控制系统中，都集中包含了以上三种功能。

二、系统有关的常用术语

(一) 术语

1. SCADA

SCADA（Supervisory Control And Data Acquisition）是数据采集与监视控制系统的简称。它可以实时采集现场数据，对工业现场进行本地或远程的自动控制，对工艺流程进行全面、实时的监控，并为生产、调度和管理提供必要的数据。SCADA 系统主要包括主站端、通信系统和远程终端单元（RTU）三部分。

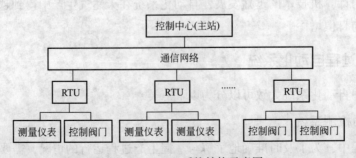

图 3-45　SCADA 系统结构示意图

2. DCS

DCS 是分散控制系统（Distributed Control System）的简称，又称为分布式控制系统，国内一般习惯称为集散控制系统。它是一个由过程控制级和过程监控级组成的以通信网络为纽带的多级计算机系统，综合了计算机（Computer）、通信（Communication）、显示（CRT）和控制（Control）等 4C 技术，其基本思想是分散控制、集中操作、分级管理、配置灵活、组态方便。

3. PLC

PLC（Programmable Logic Controller）即可编程逻辑控制器。是一种专门在工业环境下应用而设计的数字运算操作的电子装置。它采用可以编制程序的存储器，用来在其内部存储执行逻辑运算、顺序运算、计时、计数和算术运算等操作的指令，并能通过数字式或模拟式的输入和输出，控制各种类型的机械或生产过程。

4. RTU

RTU（Remote Teminal Unit）是远程终端单元的简称，在 SCADA 系统中处于最底层，用于监视、控制与数据采集的应用，具有遥测、遥信、遥调、遥控功能。

5. 工控机

工控机（Industrial Personal Computer，IPC）即工业控制计算机，是一种采用总线结构，对生产过程及机电设备、工艺装备进行检测与控制的工具总称。工控机具有重要的计算机属性和特征，如具有计算机 CPU、硬盘、内存、外设及接口，并有操作系统、控制网络和协议、计算能力、友好的人机界面。

（二）区别

SCADA 和 DCS 是概念，而 PLC、RTU、工控机则是具体的产品。

SCADA 和 DCS 是系统，PLC、RTU、工控机则是具体的装置或设备。系统可以实现任何装置或设备的功能与协调，而装置或设备只实现本单元所具备的功能。PLC 和 RTU 都可以集成到 DCS 或 SCADA 系统，成为 DCS 或 SCADA 系统的一部分。

SCADA 和 DCS 的相互关系并不是绝对的，它们各有侧重点，也可以互相包容。例如天然气净化厂的 DCS 系统就可以并入整个油气田的 SCADA 系统。

PLC 与 RTU 既有共同点，也有不同点。相对而言，RTU 的适应范围比 PLC 更广泛，性能指标更严格，功能更多。

三、自动化系统在石油天然气行业的应用

PLC 一般应用于小型的站场或单元，用来控制各种类型的装置或生产过程。例如某些天然气脱水站，或空压机系统等，多是由 PLC 控制的。

工控机在天然气流量中应用比较广泛，国内有多个厂家生产的天然气流量自动计量系统采用的就是"工控机+I/O 模块"的架构。

专用的 DCS 系统通常应用于一些大型装置或单元，例如天然气净化厂等。

RTU 作为 SCADA 系统的底层终端，常应用于单井站、输气站等，负责这些站点的数据采集、逻辑控制、报警突发等基本功能。

SCADA 系统近年来在天然气生产中的应用发展迅速，它的主要结构包括远程终端单元（RTU）、通信网络及中心站，可在地理环境恶劣、无人值守、站点偏远的环境下进行远程控制。

四、天然气流量计量系统

天然气流量计量管理的发展，也是由单一数据管理向计量系统管理方向发展。单一数据管理具有诸多缺点。计算机技术的发展给天然气计量系统管理创造了良好的条件。天然气计量管理从影响测量结果的各个方面、各个环节进行全过程的、动态的科学管理。

实用的天然气流量计量大致可分为工业计量及贸易计量两种类型。随着技术的发展，自动计量系统在这两类计量中都得到了极为广泛的应用。

（一）工业计量

工业流量计量多用于对生产过程的物料的通过量作基础的量化，除了最基础的瞬时流量外，有的环节还需要经过计算的累积值（单位时间内通过的，标准参比条件下的体积流量或能量流量）。例如单井站天然气流量计量、脱水装置天然气流量计量等。

工业计量中，流量计量一般不采用独立的系统或装置，通常是作为某控制装置的其中一项功能来实现的，例如很多 PLC、RTU 都具备天然气流量计量功能，并内嵌有相应计量标准（如 AGA3）的软件固件。

（二）贸易计量

天然气作为一种商品，在贸易过程中的交易数据就需要通过贸易计量系统来计算，以作为结算依据。

早期的贸易计量管理主要集中于器具管理，随着技术的发展和管理需求的不断提高，逐步出现了各类性能良好的贸易计量专用流量计量系统，从而实现了向计量系统管理的过度。

1. 贸易计量系统常见的系统结构

天然气贸易结算，通常为大宗气量计量，在国内较为常用的流量计主要有孔板流量计和超声波流量计，国际上较为常用的流量计是超声波流量计和涡轮流量计。

对孔板流量计而言，多采用高级阀室孔板节流装置（加装孔板），利用变送器现场测量静压、差压和计量温度信号并远传，利用上一级计算机安装的计量程序（经过认证符合相关计量标准的软件固件），计算出各种贸易结算所需的实时流量数据。

对超声波流量计和涡轮流量计而言，由于现场单元已能计算出工作条件下的流量（一般简称为工况流量），通常是将该工况流量数据远传至上一级的专用流量计算机，流量计算机同时还接收现场变送器实时测量并上传的温压补偿信号，然后利用经过认证（或校准）的专用计量程序，计算出各种贸易结算所需的实时流量数据。

2. 天然气气质在线分析

GB 17820—2012《天然气》按硫和二氧化碳将天然气分为三类：一类气、二类气和三类气。一类气和二类气主要用于作为民用燃料的天然气，其气质要求较严格；三类气只

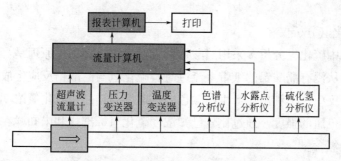

图 3-46　某贸易计量系统结构示意图

用作工业原料根据协议或合同供给有处理能力的用户。而贸易计量的对象大多为一类气和二类气。为确保天然气质量，就必须对天然气的气质进行分析检测，以确保天然气流量计量数据准确可靠、质量合格。

　　在天然气流量计量过程中，有离线和在线两种方式对天然气品质进行检测，现阶段常见的项目主要包括天然气组分、硫（硫化氢、总硫）、露点（水、烃）等。而随着技术的发展，在线分析仪在天然气计量中得到了越来越广泛的应用。

　　目前，在很多国际或大宗天然气贸易计量合同中，对天然气品质的检测项目和周期等都有着严格而细致的要求，要达到这些要求，就必须采用相应的在线分析仪。通过将在线分析仪接入贸易计量系统，可以实现天然气品质数据的实时显示、更新和储存，可极大提高计量应用和管理水平，有助于减小计量纠纷的发生。

　　1）在线气相色谱仪

　　在线气相色谱仪是最为常见的天然气组分在线分析设备。气相色谱法的原理是在气相色谱仪上，采用色谱柱对气体混合物进行分离，再用检测器对被分离的组分进行检测。待测样品通过进样器由气相色谱的载气携带进入到色谱柱中，由于色谱柱内填充的物质对试样中各组分的分配系数或吸附能力不同，各组分在柱内的流动速度不同，到达检测器的时间不同，这样将多组分的混合样品分离成单个组分依次到达检测器，检测器检测各组分，得到单个组分的响应值，各组分的响应值与已知含量的标准物质在相同色谱条件下的响应值比较，得到各组分的含量。

　　在线气相色谱仪的结构组成主要包括取样及样品预处理系统、气流控制系统、色谱柱、温度控制系统、检测器及电气线路、数据处理及数据通信系统。

　　2）在线水露点分析仪

　　天然气中水含量分析方法很多，归纳起来有露点法、卡尔·费休法、吸收称量法、电解法、检测管法、气相色谱法、电容湿度计法等。

　　在线天然气中水含量的测定方法有陶瓷阻抗式法、晶体振荡法、电解法等。

　　以电解法为例，电解法测定仪的原理是样品气以一定的恒速通过电解池，其中的水分被电解池内的五氧化二磷膜层吸收，生成亚磷酸后被电解为氢气和氧气排出，而五氧化二磷得以再生。电解电流的大小正比于样品气中的水含量，故可用电解电流来量度样品气中的水含量。

　　其仪器结构组成主要包括：采样系统、气流控制系统、测量系统、数据处理及数据通信系统。

3）在线硫化氢分析仪

在线天然气中硫化氢分析多采用醋酸铅反应速率法，其工作原理是：当恒定流量的气体样品经润湿后从浸有醋酸铅的纸带上流过时，硫化氢与醋酸铅反应生成硫化铅，纸带上出现棕色色斑。反应速率和由此产生的颜色变化速率与样品中硫化氢浓度成正比。由仪器的光电系统检测色斑的强度。通过比较已知浓度硫化氢标准样和未知样在仪器上的读数来测定样品中硫化氢含量。

仪器结构组成主要包括采样系统、气流控制系统、醋酸铅纸带输送系统、光电检测系统、数据处理系统、通信系统。

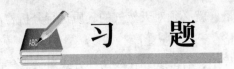

习 题

一、名词解释

温度　温标　SCADA　PLC

二、简答题

1. 简述弹簧管压力表、电接点压力表的结构和工作原理。

2. 电流输入型信号隔离器有哪些基本作用？

3. 简述浪涌保护器的作用。

4. 安全栅和浪涌保护器在作用上的主要区别是什么？

5. 模数（AD）转换主要包括哪几个步骤？

6. 我国计量天然气流量（体积流量）的标准状态是怎样规定的？

7. 简述罗茨流量计的工作原理。

8 简述旋进旋涡智能流量计的工作原理及特点。

9. 简述涡轮流量计的工作原理及特点。

10. 简述气体超声波流量计的工作原理及特点。

11. 气体检测仪的关键部件是什么？

12. 在线气相色谱仪的结构主要包括哪几部分？

13. SCADA 系统主要由哪几部分组成？

14. 天然气在线分析主要有哪些项目？

15. 简述差压式液位计的工作原理。

三、思考题

什么是节流装置？节流装置的取压方式有哪几种？采气中使用的取压方式是什么？

第四章

计量维护工用器具

在天然气采输气生产现场，经常可以看见压力变送器、压力表、温度变送器、信号隔离器、A/D转换器、浪涌保护器等测试仪器和保护设备，然而这些设备在使用之前都需要进行必要的检定或测试方可用于生产现场。针对这些设备的检定和测试则需要相应的计量标准器和配套的工用具才能进行。本章所讲的计量维护工用器具就是针对生产现场所需要的计量标准器具和配套的工用具，主要包括力学类计量标准器具和电学类标准器具两个大类。计量标准器具在 JJF 1001—2011《通用计量术语及定义》被重新定义为参考测量标准（参考标准）或工作测量标准（工作标准）两种。参考测量标准是在给定组织或给定地区内指定用于校准或检定同类量其他测量标准的测量标准。工作测量标准是用于日常校准或检定测量仪器或测量系统的测量标准。而配套的工用具主要是生产现场中常用的一些计量工用器具，如万用表、现场通信器等。对于生产现场中热学类计量器具和物理化学类的计量器具所使用的计量标准器具由于不适合在生产现场使用，因而在本章中不做讲述。

第一节　标准器

一、活塞式压力计

活塞式压力计又称为静重式压力计或真重仪，是生产现场中常用的一种测量压力或对压力类仪表进行检定的一种标准计量器具。该活塞式压力计具有测量准确度高、输出稳定、测量组合方便等优势，但由于具有设备体积较大、配套砝码笨重等缺点，在现场使用中不是很方便，但是在实验室应用中则是获取高准确度压力值的必备计量器具。

（一）结构

活塞式压力计按照结构大致可分为简单活塞式压力计、反压型活塞式压力计和可控间隙活塞式压力计。反压型活塞压力计和可控间隙型活塞压力计主要用于实验室中获取高准确度压力值，在本节中就不做介绍。我们生产现场中常用的是简单活塞式压力计，该活塞式压力计在生产现场中主要用于压力测量和压力类仪表的日常检定工作，常见的活塞式压力计一般由活塞系统、专用砝码、校验器组成，如图4-1所示。

1. 活塞系统

活塞系统由活塞和缸体（活塞筒）组成，是整个活塞系统的主要部件，该部件的质量好坏决定了整个系统的准确度等级。

图4-1　活塞式压力计

活塞是由承重盘和活塞杆构成，其中承重盘主要是便于放置专用砝码，活塞杆一般是由碳化钨材料制成，该活塞杆有固定有效面积，所谓有效面积是活塞式压力计的仪器常数，它的数值是活塞直径几何面积与活塞系统间隙环形面积一半的和，通常在量值传递和量值溯源时确定。

活塞筒一般采用与活塞杆相同材料，是与活塞配套成活塞系统的同心圆筒状零件。其圆度误差和间隙极小，工作介质采用低黏度的变压器油或癸二酸酯，因而极大地提高了活塞转动延续时间，也就相应减小了活塞下降速度，提高了活塞鉴别力。采用承重盘直接加载，避免了附加垂直力，降低了砝码重心，相应减小砝码侧向附加误差，使活塞转动更平稳。送检时只需送检活塞测量系统，活塞测量系统体积小、重量轻，为量值传递和量值溯源提供了方便。

2. 专用砝码

专用砝码是对应活塞式压力计产生的压力而配套的砝码。专用砝码是采用防磁不锈钢材料制成的不同重量的砝码，由于每个专用砝码已经进行压力形变系数和当地重力加速度的修正，所以每个一专用砝码都有特定的质量。

3. 校验器

校验器是利用工作介质的压缩比形成不同压力值的压力发生设备。该设备根据压力等级的不同可以分为液体介质和气体介质两种。

（二）工作原理

活塞式压力计是利用流体静力平衡原理及帕斯卡定律工作的仪器。流体静力平衡是通过作用在活塞系统的力值与传压介质产生的反作用力相平衡实现的。活塞的有效面积是已知的，当已知的力值作用在活塞一端时，活塞另一端的传压介质会产生与已知力值大小相等方向相反的力与该力相平衡。由此，可以通过作用力值和活塞的有效面积计算得到系统内传压介质的压力。在实际应用中，力值通常由砝码的质量乘以使用地点的重力加速度得到。

活塞式压力计由压力发生部分和测量部分组成，其结构原理如图4-2所示。压力发生部分（手摇泵4）通过手轮7旋转丝杆8，推动工作活塞9挤压工作液，经工作液传给测量活塞1。工作液一般采用洁净的变压器油或蓖麻油等。测量部分（测量活塞1）上端的承重盘12上放有荷重砝码2，活塞1插入在活塞柱3内，下端承受手摇泵4向左挤压工作液5所产生的压力 p 的作

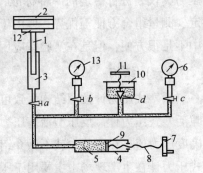

图4-2　活塞式压力计工作原理图
1—测量活塞；2—砝码；3—活塞柱；
4—手摇泵；5—工作介质；6—压力
表；7—手轮；8—丝杆；9—活塞；
10—油杯；11—进油阀；12—承重盘

用。当作用在活塞 1 下端的油压与活塞 1、托盘 12 及砝码 2 的质量所产生的压力相平衡时，活塞就被托起并稳定在一定位置上。因此，根据所加砝码与活塞、托盘的质量以及活塞承压的有效面积就可确定被测压力的数值。

被测压力的计算公式为：

$$p = \frac{(m_1 + m_2) \times g}{A}$$

式中 p——被测压力，Pa；

m_1——活塞、托盘的质量，kg；

m_2——砝码质量，kg；

A——活塞承受压力的有效面积，m^2；

g——重力加速度，m/s^2。

由于活塞的有效面积 A 与活塞、托盘的质量 m_1 是固定不变的，所以专用砝码的质量 m_2 就和油压具有简单的比例关系。活塞式压力计在出厂前一般已将砝码校好并标以相应的压力值。这样在校验压力表时，只要静压达到平衡，直接读取砝码上的数值即可知道油压系统内的压力 p 的数值。如果把被校压力表 6 上的指示值 p_1，与这个标准压力值 p 相比较，便可知道被校压力表的误差大小。也可在 b 阀上接上标准压力表，由手摇泵改变工作液压力，比较被校表和标准表上的指示值，逐点进行校验。

（三）用途

活塞式压力计主要用于计量室、实验室以及生产或科学实验环节作为压力基准器使用，也有将活塞式压力计直接应用于高可靠性监测环节。

（四）使用注意事项

1. 活塞式压力计的安装

（1）对新购置的活塞式压力计要用高标汽油对活塞系统、压力泵、油杯、管路进行反复清洗。清洗完毕，待汽油全部挥发后，注入清洁的工作介质。

（2）活塞式压力计应安置在便于操作，牢固无震动的工作台上，台面用坚固且富有弹性的材料制成。除放置压力计和砝码外，台面上还应留有适当的空间方便记录和放置必要的工具。

（3）活塞式压力计须用水准器进行调整，使承重盘平面处于水平位置，同时保证活塞杆的垂直度。

2. 活塞式压力计的选择

按照计量检定规程 JJG 59—2007《活塞式压力计检定规程》的要求，每台活塞式压力计必须标明标称范围和测量范围，测量范围下限无法确定的按测量范围上限的 10% 计算。活塞式压力计的测量范围上限可在 0.6MPa、6MPa、25MPa、60MPa、100MPa、160MPa、250MPa、500MPa 中选取。若被检活塞式压力计量程与上述量程不一致的，可按最接近以上量程的数值选取。

3. 活塞式压力计的使用

（1）对于工作介质为气体的应采用干净空气或氮气作为工作介质。对于液体介质的活塞式压力计在 25MPa 以下为变压器油或变压器油与煤油的混合油，20℃时运动黏度为 9~12cP，酸值不大于 0.05mg KOH/g。25MPa 以上（含 25MPa）为癸二酸酯（癸二酸二异戊酯或癸二酸二异辛酯）20℃时运动黏度为 20~25cP，酸值不大于 0.05mg KOH/g。

（2）活塞式压力计使用时应缓慢升压和降压，活塞上加减砝码时，应轻拿轻放，上下砝码应入槽中。若砝码偏心，不仅会引起测量误差，而且会加速活塞系统的磨损。特别是在活塞有负荷的情况下，禁用打开油杯阀门进行减压。

（3）使用活塞式压力计时，应按顺时针方向以 30~60r/min 初速度转动砝码，并使承重盘底面对准限止器基面。

4. 活塞式压力计的日常维护

（1）应经常保持压力计清洁，压力计应放置在温度为 20℃±2℃、湿度小于 75% 的环境中，以免锈蚀。

（2）快速接头和活塞缸下端 O 形圈较易损坏，若发现泄漏应予以更换。

（3）油杯中液面应经常高于油杯过滤器罩子上端面，否则会导致空气进入预压泵中，造成预压泵失效。这时应拧松预压泵进油接头，使空气随液体流出，重新加注变压油至标准液位。

（4）活塞式压力计不使用时，应用防尘罩罩好，以防止灰尘和异物落在仪器上。

（5）活塞式压力计的检定周期为 2 年。

（6）平时使用活塞式压力计校验设备时，若被检设备测量介质为干净、无腐蚀、常温下不易结晶、无毒，活塞式压力计应二个月清洁工作介质。

（7）若被测量介质为易结晶、有腐蚀、不干净、有毒，活塞式压力计应在使用后立即清洁工作介质。

（8）若使用人发现活塞式压力计存在故障，请立即与实验室管理人或实验室负责人联系。

二、数字压力计（表）

数字压力计（表）是近年来使用比较频繁的一种压力测量仪器，由于其具有体积小、反应灵敏、准确度高、读数直观、操作简单等优点，常用于压力测量或仪表检定。

（一）结构

数字压力计是采用数字显示被测压力量值的压力计。数字压力计一般由传感器、电源部件、主机板、显示部件、附加功能板等组成。数字压力计按结构可分为整体式和分体式；按功能可分为单功能型和多功能型，如图 4-3 所示。单功能型压力计只具有测量压力的功能；多功能型压力计除具有测量压力的功能外，还具有测量非压力参数的附加功能（如电压、电流等）。

数字压力表所使用的压力传感器主要有陶瓷压阻传感器、蓝宝石压力传感器和扩散硅传感器。扩散硅传感器被广泛应用在石油、化工、电力、航空航天、汽车等重要的场所；陶瓷压阻传感器仅被限用在民用场所；蓝宝石压力传感器由于成本较高，一般只用于压力需求较高的实验室场所。

图 4-3　整体式和分体式多功能精密压力表

数字压力表的信号处理电路由于生产厂家的不同，所使用的处理器、放大器及电源管理等方式有所不同，但其功能基本一致。处理器均采用了低功耗处理器，保证了仪器的微功耗，有利于电池的高效使用。仪表控制软件对传感器进行了非线性校正和温度补偿，可达到延长传感器的使用寿命、信号稳定、测量准确度高、使用温度范围宽、温度漂移小等目的。

（二）工作原理

被测压力经传压介质作用于压力传感器上，由传感器来的模拟信号通过转换开关送给A/D 转换器，并以一定的转换速率将传感器来的模拟电压信号转换为数字信号，由信号处理单元处理后在显示器上直接显示出被测压力的量值（图 4-4）。

图 4-4　数字压力计（表）工作原理示意图

单功能的数字压力表大多采用无微处理器的数字压力表，经 A/D 转换器后直接驱动显示器，还有部分数字压力计是使用频率传感器的数字压力表，该类仪表不需经 A/D 转换器而直接送入微处理器进行相应的压力信号显示。

多功能的数字压力计都是带微处理器的数字压力表称为智能数字压力表，该仪表采用全自动面板调试程序，通过微处理器根据预先编制的程序对数字信号机械运算后，再经输出电路进行数字显示、报警等，同时还能对相应的电流、电压信号进行测量。这种智能数字压力计采用光电隔离电路使输入与微处理器隔离，微处理器与输出隔离，电源与输入、微处理器、输出隔离，使装置可靠工作，或者采用软件抗干扰措施，使软件可靠工作，使系统程序受到干扰后能自动恢复正常工作。

（三）用途

数字压力计除了可作较高准确度校正标准器以外，也可作为工作仪表使用。按照计量检定规程 JJG 875—2005《数字压力计检定规程》的要求：数字压力计的压力测量范围：−0.1～250MPa，测量准确度等级：±0.01%F. S、±0.02%F. S、±0.05%F. S、±0.1%F. S、

±0.5%F. S、±1.0%F. S、±1.6%F. S（F. S 是该仪表的测量范围）。

数字压力计具有体积小、易操作、数字显示等特点，便于现场校验及精密压力测量时使用，可直观显示压力百分比和各种压力单位。各种附加功能如 RS485 接口输出、4~20mA 测量/输出、1~5V 测量/输出功能可以为压力变送器的现场检定提供便利。

（四）使用注意事项

1. 数字压力计的安装

测量蒸汽压力时，应装冷凝管或冷凝器，以使导压管中测量的蒸汽冷凝。当被测流体有腐蚀性或易结晶时，应采用隔离液和隔离器，以免破坏压力测量仪表的测量元件。隔离液应选用沸点高、凝点低、物理化学性能稳定的液体。数字压力计尽量安装在远离热源、震动的场所，以避免其影响。

2. 数字压力计的使用

所选的数字压力计在使用中注意以下三个参数的选择：

（1）测量点的选择，测量点应代表被测压力的真实情况。

（2）被测对象不同应选择不同的取压点，取压点一般选在水平管道上，当测量液体压力时，取压点应在管道下部，使导压管内不积存气体；当测量气体压力时，取压点应在管道上部，使导压管内不积存液体；若被测液体易冷凝或冻结，必须加装管道保温设备。

（3）测量准确度的选择，应依据实际工况的需要选择不同的准确度等级，不能追求过高的准确度，避免资源的浪费。

3. 数字压力计的日常维护

（1）切忌固体、颗粒或其他硬物进入传感器内，否则易损坏压力传感器，也不要用手持按压膜片，以免损坏膜片。

（2）仪表应小心轻放，特别在现场使用时，避免摔坏、冲撞。对于被测点压力有瞬间冲击的情况须加装压力缓冲装置，以避免瞬间脉冲高压直接冲击压力传感器，导致传感器损坏。当压力值超过过载能力的 1.5 倍时，传感器将有永久损坏的可能。

（3）环境温度超出产品使用标准时，应采取现场防护措施，以防损坏液晶显示器。切勿让电烙铁等其他发热体靠近显示屏及壳体。

（4）压力传感器内部密封材料为丁腈橡胶，请勿与机油等其他有腐蚀性溶剂接触。

（5）仪表应置于通风干燥和无腐蚀性的场所。当仪表长时间不用，应三个月充电一次。

三、过程校验仪

过程校验仪是一种手持式、使用电池供电的仪表，能用来测量和输出多种信号，主要应用于工业现场和实验室信号的测量和校准。

（一）特点

过程校验仪是结合自动化控制的发展趋势，逐步将以前的各类测量仪表、输出源等仪表进行整合，有利于仪表操作人员的使用和现场的调试工作，如图 4-5 所示。该类仪表的出现不仅提高了人员的工作效率，更主要的是在保证了仪表的准确度的同时简化了人员的操作程序。

图 4-5　生产现场应用

过程校验仪具有测量输出完全隔离、互不干扰的特点。具体的模式主要有以下几种。

1. 模拟输出标准热电阻（热电偶）信号

模拟输出标准热电阻信号，提供可与电阻箱比拟的准确度，对各种热电阻温度仪表进行检定、校准，如图 4-6 所示。三线制热电阻测量功能，消除导线误差，更准确测量温度。模拟和测量标准热电偶，并提供冷端温度补偿，对各种类型的热电偶仪表进行校准。

图 4-6　模拟输出热电阻（热电偶）

2. 直流电流、电压等信号的输出和测量

直流电流、电压、毫伏及频率信号的输出和测量，可以校准各种数据采集器、记录仪、多用表及其他工业仪表，所有输出均有步阶或程式输出，如图 4-7 所示。

图 4-7　模拟输出电流电压

3. 数字显示及供电功能

具有背灯屏幕显示器和内部电池或外部电池。

4. 多功能测量

部分厂家的产品还可以外接测量组件进行多功能测量，例如压力测量等。

（二）计量性能

作为生产作业现场所使用的便携仪表，需要具备一些基本的通用功能，同时需要对几个主要性能指标进行确定（本节只针对工作用过程校验仪）。

1. 通用性能

目前使用的过程校验仪大多以进口的产品为主，但是国内生产厂家的技术也越来越好，稳定性也越来越高，因而，检验仪基本的通用性能指标大体一致。通用性能内容如下：

（1）测量信号/输出清零，自动步进和斜坡输出，幅值可调的频率信号输出。

（2）数字显示，便于携带和手持；插孔指示，避免误操作。

（3）自动标定功能，手动和自动冷端补偿。

（4）电池电量显示，自动关机。

2. 测量模式

（1）直流电压测量（表4-1）。

表4-1 直流电压测量量程及技术指标

量程（V）	分辨率（μV）	%（读数）+%（满度）	
		1年	2年
0.11	1	0.025%+0.015%	0.05%+0.015%
1.1	10	0.025%+0.005%	0.05%+0.005%
11	100	0.025%+0.005%	0.05%+0.005%
110	1	0.05%+0.005%	0.1%+0.005%
300	10	0.05%+0.005%	0.1%+0.005%

温度系数：（0.001%读数+0.0015%满度）/℃，-10~18℃和28~50℃时；
输入阻抗：5mΩ；
共模误差：0.008%满度/（共模电压）；
最大输入电压：300Vrms。

（2）交流电压测量（表4-2）。

表4-2 交流电压测量量程及技术指标

频率范围	%（读数）+计数	
	1年	2年
20~40Hz	2%+10	2%+10
40~500Hz	0.5%+5	0.5%+5
500Hz~1kHz	2%+10	2%+10

频率范围	%（读数)+计数	
	1 年	2 年
1~5kHz	2%+10	10%+20

量程：1.1000V rms、11.000V rms、110.00V rms、300.0V rms；

分辨率：11000 个字，除 300V 之外的全部量程；3000 个字，300V 量程时。

备注：技术指标适用于 10%~100% 输入电压范围。

（3）直流电流测量（表 4-3）

表 4-3　直流电流测量量程及技术指标

量程（mA）	分辨率（μA）	%（读数)+%（满度）	
		1 年	2 年
30	1	0.01%+0.015%	0.02%+0.015%
110	10	0.01%+0.015%	0.02%+0.015%

温度系数：（0.001%读数+0.002%满度）/℃，-10~18℃ 和 28~50℃ 时；

共模误差：0.01%满度/（共模电压）；

最大输入电压：30V DC。

（4）电阻测量（表 4-4）。

表 4-4　电阻测量量程及技术指标

量程	分辨率	%（读数)+电阻（Ω）	
		1 年	2 年
11	0.001Ω	0.05%+0.05	0.075%+0.05
110	0.01Ω	0.05%+0.05	0.075%+0.05
1.1kΩ	0.1Ω	0.05%+0.5	0.075%+0.5
11kΩ	1Ω	0.1%+10	0.1%+10

温度系数：（0.01%满度+2mΩ）/℃，-10~18℃ 和 28~50℃ 时；

共模误差：0.005%满度/（共模电压）；

最大输入电压：30V DC。

3. 输出模式

（1）直流电压输出（表 4-5）。

表 4-5　直流电压输出量程及技术指标

范围（V）	分辨率（μV）	%（读数)+%（满度）	
		1 年	2 年
0.11	1	0.01%+0.005%	0.015%+0.005%
1.1	10	0.01%+0.005%	0.015%+0.005%
15	100	0.01%+0.005%	0.015%+0.005%

温度系数：（0.001%输出+0.001%满度）/℃，-10~18℃ 和 28~50℃ 时；

最大输出电流：10mA；

最大输入电压：30V DC。

（2）直流电流输出（表4-6）。

表4-6 直流电流输出量程及技术指标

范围/模式	分辨率	% （读数)+% （满度)	
		1 年	2 年
22mA/源出 mA	1	0.01%+0.015%	0.02%+0.015%
22mA/模拟变送器（流入电流源）	1	0.02%+0.03%	0.02%+0.03%

最大负载电压：24V；
最大输入电压：30V DC。

（3）电阻源出（表4-7）。

表4-7 电阻源出量程及技术指标

量程	分辨率	% （输出)+电阻 （Ω)	
		1 年	2 年
11Ω	1mΩ	0.01%+0.02	0.02%+0.02
110Ω	10mΩ	0.01%+0.04	0.02%+0.04
1.1kΩ	100mΩ	0.02%+0.5	0.03%+0.5
11kΩ	1Ω	0.03%+5	0.04%+5

温度系数：(0.01%满度) /℃，-10~18℃和28~50℃时；
最大输入电压：30V DC。

（4）频率源出（表4-8）。

表4-8 频率源出量程及技术指标

量程	准确度
0.00~10.99Hz	0.01Hz
11.00~109.99Hz	0.1Hz
110.0~1099.9Hz	0.1Hz
1.100~21.999kHz	0.002kHz
22.000~50.000kHz	0.005kHz

波形选择：零点对称正弦波或正方波，50%占空比；
幅值：0.1~10Vp-p；
最大输入电压：30V DC。

（5）环路电源（表4-9）。

表4-9 环路电源量程及技术指标

设置	1 年	2 年
24V	5%	5%

短路保护
最大电流：22mA
最大输入电压：30V DC。

(三) 用途

过程校验仪适用于各个场合，由于其较高的精度，最多可达万分之一，所以可以矫正其他一些仪表的准确性，包括数字显示表、记录仪、热电偶、热电阻等。

(四) 使用注意事项

(1) 过程校验仪在测量或输出时，端子接线必须与操作一致（错误操作，如在输出电压端子上测量电流），否则有可能导致仪表损坏。

(2) 过程校验仪在使用时需确认每档量程范围，不能过量程使用。

(3) 仪表在光线充足处建议不使用背光，这样可延长电池使用时间。

(4) 当仪表从室内拿到现场使用并采用自动温度补偿方式，应让仪表在现场适应 5～10min，使仪表内部测温传感器准确测量到现场环境温度，以利于提高校验准确性。

四、电阻箱

直流电阻箱是供直流电路中作可调节阻值之用，具有较低的零值电阻，它是一种多值电阻器，广泛应用于直流电路中，作为调节电路参数的工具，也可作为可变的电阻标准量具，还可用于检定直流电桥等其他直流电阻测量仪器，如图 4-8 所示。

(一) 结构

直流电阻器是由许多高稳定度、低温度系数锰铜合金丝绕成的电阻，按照十进位分别通过开关连接而成的开关式串联结构电阻箱。直流电阻器每个十进电阻盘由两种规格共 5 个电阻（一只 R 和四只 2R，R 为各档的倍率值如 0.1、1、10 等）所组成，直流电阻箱有六个旋钮，四个接线柱，电阻值可变范围为 $0.001～99999.9\Omega$。仪器各个档位均已校正，准确度较高。机器体积小、重量轻、耗电省、测试数据稳定可靠。电阻箱是取代直流单、双臂电桥的高精度换代产品，如图 4-8 所示。

图 4-8 电阻箱

(二) 工作原理

电阻箱是利用变换装置来改变其阻值的可变电阻装置。这种变换装置通常采用十进盘式（旋钮式）结构，也可根据需要，采用插头式和端钮式结构。电阻箱的线路可分为串联线路和串并联线路构成（图 4-9）。

直流电阻箱各连接开关均采用精密仪器专用银触点开关，具有接触压力小、接触电阻及其示值变差小和使用寿命长等特点，其电阻器拨盘末盘示值无零位，起始电阻为

0.001Ω，使用时不必扣除零电阻，保证其示值稳定性好等特点，直流电阻元件采用优质合金丝绕制而成，并经过严格工艺和老化处理，接触电阻及其示值变差小，各点电阻值稳定性好，温度系数小，准确度高。

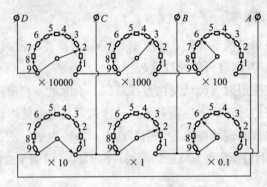

图4-9　电阻箱内部结构示意图

（三）用途

直流电阻器采用全密封，轻压精密开关，不需要清洗。具有使用寿命长、使用方便、坚固实用、耐腐蚀，便于携带等特点，不仅适宜于实验室也适合工厂、学校和科研单位应用在交直流电路或电子线路中，作为精密可调的阻抗元件、桥臂元件，或者对中高阻电桥、兆欧表、绝缘电阻测试仪等仪器进行整机校验之用。

（四）使用注意事项

（1）使用前检查应先旋转一下各个旋钮，以使电刷接触稳定可靠。

（2）电阻箱在使用中绝不应超过规定额定功率和额定电流。

（3）电阻箱应储存在环境温度为10~30℃、相对湿度不超过75%、有遮蔽的环境内，空气中不应含有腐蚀气体，仪器也不应与不良的杂质接触；避免太阳光直射到仪器上。

（4）测量时，应使用直流电流，通电应有足够的时间，稳定后取正、反两向电流时测得结果的平均值。

第二节　工用器具

一、现场通信器

现场通信器又称手持智能终端（手操器），是自动控制系统中常常使用的一种仪表及电气回路调试设备。它与现场检测仪表一起使用，对其进行设定、更改、显示和打印参数（如标记号、输出方式、范围等），它可进行监控输入/输出值和自诊断结果，设定恒定电流的输出以及调零等功能。

（一）通信协议

在自动控制系统中，智能仪表都可以实现相互通信和信号共享，但要完成这些功能就需要一种通信方式来进行识别，在现有的通信方式中主要有三种通信协议：BT200 现场通信器（用于 BRAIN 协议）、HART375（475）现场通信器（用于 HART 协议）、FF 现场总线通信。

HART 协议是一种可寻址远程传感器高速通道的开放通信协议，用于现场智能仪表和控制室设备之间的通信协议。HART 装置提供具有相对低的带宽，适度响应时间的通信，该协议是基于贝尔 202 通信标准的移频键控（FSK）技术，通过在 4~20mA 电流上叠加两个不同的频率信号实现数字通信。这两个不同频率分别是 1200Hz 和 2200Hz，在数字信号中分别代表"0"和"1"，以正弦波的形式叠加在 4~20mA 直流信号上，因这些正弦波的平均值为零，所以不产生直流分量，不会对 4~20mA 过程信号产生影响，它是在不中断传输信号的情况下完成了真正的同步通信。HART 通信协议经过 10 多年的发展，其技术在国外已经十分成熟，并已成为全球智能仪表的工业标准。

BRAIN 协议其工作原理同 HART 协议相同，也是通过在 4~20mA 电流上叠加两个不同的频率信号实现数字通信。部分变送器、涡街、电磁流量计等仪表都有这个协议，该协议在对仪表选型时可以通过仪表代码进行区分，可选的代码为 E（HART）或 D（BRAIN）。

FF 现场总线是指安装在制造和过程区域的现场装置与控制室内的自动控制装置之间的数字式、串行、多点通信的数据总线。它是一种全数字化、双向、串行、多站的通信网络，一对导线上可传输多种信息。纯数字的现场总线智能变送器，是根据现场总线通信协议开发出来的一种变送器。它已不是传统意义上的变送器，而是同时起着变送、控制和通信的作用。在整个控制系统中，每台变送器都是一个网络接点，如图 4-10 所示。

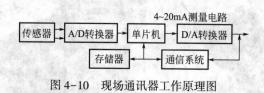

图 4-10　现场通讯器工作原理图

HART 和 FF 现场总线技术都可以实现对现场设备的状态、参数等进行远程访问。同时，两种技术都支持在一条总线上连接多台设备的联网方式。HART 和现场总线都采用设备描述，实现设备的互操作和综合运用。所以，它们之间有一定的相似之处。它们之间的不同有以下四点：

（1）全数字通信。

现场总线采用真正的全数字通信，而 HART 是以 FSK 方式叠加在原有的 4~20mA 模拟信号上的，因此可以直接联入现有的 DCS 系统中而不需要重新组态。

（2）采用多点连接。

现场总线多采用多点连接，HART 协议一般仅在做监测运用的时候才会采用多点连接方式。

（3）控制系统。

用现场总线组成的控制系统中，设备间可以直接进行通信，而不需要经过主机干预。

（4）诊断信息。

现场总线设备相对 HART 设备而言，可以提供更多的诊断信息。所以现场总线设备适用于高速的网络控制系统中，而 HART 设备的优越性则体现在与现有模拟系统的兼容上。

（二）常用现场通信器

HART 现场通信器是一款 HART 协议仪表的通用型手持式操作器。它能够和任何厂商的 HART 仪表进行通信，能够对仪表的量程、阻尼、工程单位等控制参数进行设定，用户能够用通信器对仪表的工位号、工位描述、最近标定时间等管理参数进行修改，还能对仪表进行 $4 \sim 20 mA$ 标定和传感器上下限校准。通过自动化设备描述语言（ADDL），各仪表厂商可以开发各自产品的设备描述，通过串行通信口下载到通信器里，从而实现各种仪表的特有功能。我们现在生产现场中常用的 HART 现场通信器主要是 HART-x75 型系列产品。国内也有部分厂家生产相关产品，如横河仪表、康斯特仪表等。现在 HART 协议当前的版本是 7.3 版。"7"表示主修订号码，而"3"表示次修订号码。不过每一次的协议更新都确保更新向后兼容以前的版本。因而在生产现场使用过程中不必强求使用最新版本的协议。

BT200 现场通信器是与 BRAIN 协议配套使用的现场通信器，该现场通信器在 BRAIN 协议的支持下可对 EJA 变送器进行设定、更改、显示、打印参数，调零等功能。（如图 4-11）

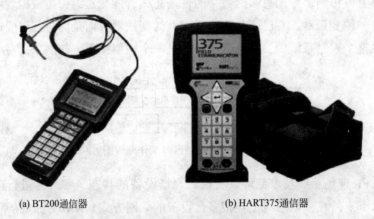

(a) BT200通信器　　　　　　　　(b) HART375通信器

图 4-11　HART375 和 BT200 通信器

HART375 及以上版本现场通信器可以兼容 FF 现场总线通信协议，实现在线数据传输或更改。

（三）使用注意事项

（1）清楚所使用的变送器或仪表是否具备通信功能、通信协议类型。

（2）保证连接回路阻抗大于 250Ω，否则现场通信器得不到足够幅度的信号；但回路阻抗也不能太大（大于 750Ω），首先应保证变送器有足够的工作电压。

（3）挂接现场通信器时，电缆连接要正确。现场通信器和变送器相连时，可以连在负载电阻两端，也可以在变送器接线端，但是不能连接在电源两端，由于这两端的电阻极小，实际上相当于同一电势位，这样通信器便无法和变送器进行通信。

（4）平时存放是放置在干燥通风的环境内。对于安装电池使用的通信器要将电池取出放置，对于使用充电电池的通信器要定时充放电，保证充电电池的使用寿命。

二、万用表

万用表又称为复用表、多用表、三用表、繁用表等，是电力电子等部门不可缺少的测量仪表，一般以测量电压、电流和电阻为主要目的。一般万用表可测量直流电流、直流电压、交流电流、交流电压、电阻和音频电平等，有的还可以测交流电流、电容量、电感量及半导体的一些参数（如 β）等，如图 4-12 所示。

图 4-12　常见万用表类型

（一）基本结构

万用表是电子测试领域最基本的工具，也是一种使用广泛的测试仪器。万用表分为指针式万用表和数字万用表，还有一种带示波器功能的示波万用表，是一种多功能、多量程的测量仪表。数字式万用表已成为主流，已经取代模拟指针式仪表。与模拟式仪表相比，数字式仪表灵敏度高，精确度高，显示清晰，过载能力强，便于携带，使用也更方便简单。万用表由表头、测量电路及转换开关等三个主要部分组成。

1. 表头

指针式万用表的表头是一只高灵敏度的磁电式直流电流表，万用表的主要性能指标基本上取决于表头的性能。表头的灵敏度是指表头指针满刻度偏转时流过表头的直流电流值，这个值越小，表头的灵敏度愈高。测电压时的内阻越大，其性能就越好。表头上有四条刻度线，它们的功能如下：第一条（从上到下）标有 R 或 Ω，指示的是电阻值，转换开关在欧姆挡时，即读此条刻度线。第二条标有 $\smile$ 和 VA，指示的是交、直流电压和直流电流值，当转换开关在交、直流电压或直流电流挡，量程在除交流 10V 以外的其他位置时，即读此条刻度线。第三条标有 10V，指示的是 10V 的交流电压值，当转换开关在交、直流电压挡，量程在交流 10V 时，即读此条刻度线。第四条标有 dB，指示的是音频电频。表头上的表盘印有多种符号，刻度线和数值。刻度线下的几行数字是与转换开关的不同挡位相对应的刻度值。表头上还设有机械零位调整旋钮，用以校正指针在左端零位。

数字式万用表表头一般由一只 A/D 转换芯片、外围元件和液晶显示器组成，万用表的精度受表头的影响，万用表由于 A/D 芯片转换出来的数字，一般也称为"三位半"数字万用表或"四位半"数字万用表等等。数字万用表或一些数字仪表的位数规定：

（1）能显示 0~9 所有数字的位是整数值。

（2）分数位的数值以最大显示值中最高位的数字为分子，以满量程时最高位的数字为分母。如某数字万用表最大显示值为 19999，满量程计数值为 20000，这表明该表有 4 个整数位，而分数值的分子为 1，分母为 2，故称 $4\frac{1}{2}$ 位，其最高位只能显示 0 或 1；$3\frac{1}{2}$ 位的最高位只能显示 0 或 1，最大显示值为 1999；$3\frac{2}{3}$ 位的最高位可显示 0 至 2，最大显示值为 2999；$3\frac{3}{4}$ 位的最高位可显示 0~3，最大显示值为 3999。同理，$5\frac{1}{2}$ 位、$6\frac{1}{2}$ 位等均是如此道理。使用时最好既不要欠量程，也不要过量程。尽可能减小测量误差。

2. 转换开关

万用表的选择开关是用来选择各种不同的测量线路，以满足不同种类和不同量程的测量要求。转换开关一般是一个圆形拨盘，在其周围分别标有功能和量程。一般的万用表测量项目包括：mA（直流电流）、V-（直流电压）、V~（交流电压）、Ω（电阻）。每个测量项目又划分为几个不同的量程以供选择。表笔和表笔插孔表笔分为红、黑二只。使用时应将红色表笔插入标有"+"号的插孔，黑色表笔插入标有"−"号的插孔。

3. 测量电路

测量电路是用来把各种被测量转换到适合表头测量的微小直流电流的电路，它由电阻、半导体元件及电池组成，它能将各种不同的被测量（如电流、电压、电阻等）、不同的量程，经过一系列的处理（如整流、分流、分压等）统一变成一定量限的微小直流电流送入表头进行测量。

（二）工作原理

指针式万用表的基本原理是利用一只灵敏的磁电式直流电流表（微安表）做表头。当微小电流通过表头，就会有电流指示。但表头不能通过大电流，所以，必须在表头上并联与串联一些电阻进行分流或降压，从而测出电路中的电流、电压和电阻。

数字万用表的测量过程由转换电路将被测量转换成直流电压信号，再由模/数（A/D）转换器将电压模拟量转换成数字量，然后通过电子计数器计数，最后把测量结果用数字直接显示在显示屏上。万用表测量电压、电流和电阻功能是通过转换电路部分实现的，而电流、电阻的测量都是基于电压的测量，也就是说数字万用表是在数字直流电压表的基础上扩展而成的。

数字直流电压表 A/D 转换器将随时间连续变化的模拟电压量变换成数字量，再由电子计数器对数字量进行计数得到测量结果，再由译码显示电路将测量结果显示出来。逻辑控制电路的协调工作，在时钟的作用下按顺序完成整个测量过程。

（三）用途

一般万用表可测量直流电流、直流电压、交流电压、电阻和音频电平等，有的还可以测交流电流、电容量、电感量、温度及半导体（二极管、三极管）的一些参数。

1. 电压的测量

直（交）流电压的测量，首先将黑表笔插进"COM"孔，红表笔插进"VΩ"。把旋钮选到比估计值大的量程（注意：表盘上的数值均为最大量程，"V−"表示直流电压挡，"V~"表示交流电压挡，"A"是电流挡），保持接触稳定。数值可以直接通过指针或显示屏上读取，若指针偏转过满量程或显示屏上显示为"1."，则表明量程太小，那么就要加大量程后再测量如果在数值左边出现"−"，则表明表笔极性与实际电源极性相反，此时红表笔接的是负极。在测量过程中无论测交流还是直流电压，都要注意人身安全，不要随便用手触摸表笔的金属部分。

2. 电流的测量

测量直流电流时，先将黑表笔插入"COM"孔，依据要测量的范围大小通过转换开关选择特定的挡位。将万用表串联进入测量电路中，保持稳定，即可读数。若指针偏转过满量程或显示屏上显示为"1."，则表明量程太小，那么就要加大量程后再测量如果在数值左边出现"−"，则表明表笔极性与实际电源极性相反，此时红表笔接的是负极。

3. 电阻的测量

将表笔插进"COM"和"VΩ"孔中，把旋钮打旋到"Ω"中所需的量程，用表笔接在电阻两端金属部位，测量中可以用手接触电阻，但不要把手同时接触电阻两端，这样会影响测量准确度。保持表笔和电阻有良好的接触，即可读数。在使用中要注意单位的选择，在"200"挡时单位是"Ω"，在"2k"到"200k"挡时单位为"kΩ"，"2M"以上挡位的单位是"MΩ"。

4. 二极管的测量

数字万用表可以测量发光二极管，整流二极管等电器元件。在测量时，表笔位置与电压测量一样，将旋钮旋到"V"档；用红表笔接二极管的正极，黑表笔接负极，这时会显示二极管的正向压降，然后调换表笔，显示屏显示"1."则为正常，因为二极管的反向电阻很大，否则此管已被击穿。

（四）使用注意事项

（1）在使用万用表之前，应先进行"机械调零"，即在没有被测电量时，使万用表指针指在零电压或零电流的位置上。

（2）在使用万用表过程中，不能用手去接触表笔的金属部分，这样一方面可以保证测量的准确，另一方面也可以保证人身安全。

（3）在测量某一电量时，不能在测量的同时换挡，尤其是在测量高电压或大电流时，更应注意。否则，会使万用表毁坏。如需换挡，应先断开表笔，换挡后再去测量。

（4）万用表在使用时，必须水平放置，以免造成误差。同时，还要注意到避免外界磁场对万用表的影响。

（5）万用表使用完毕，应将转换开关置于交流电压的最大挡。如果长期不使用，还应将万用表内部的电池取出来，以免电池腐蚀表内其他器件。

三、压力泵

造压系统作为压力计量不可缺少的辅助设备，一直受到法定专业计量部门及工矿企业热工计量和计控工程人员的关注和重视。一般现场采用的大致为−95kPa 到 60MPa 范围内的造压装置。

（一）分类

压力泵按照结构来分有台式压力泵和手持式压力泵两种。按照工作介质来分有气体压力泵和液体压力泵两种，如图4-13所示。

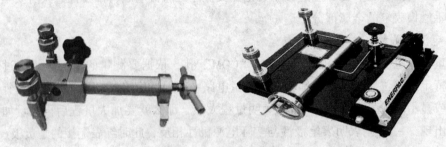

图4-13　气压泵和液压泵

（二）结构

在生产现场中常用的手持式压力泵。手持式气压泵为手动气压源，集真空、气压为一体，正负压转换简便可靠，它结构简单、可靠性高、操作维护方便、密封性能好不易泄漏，一般工作压力在-95kPa到2.5MPa的范围内可以选用。手持式液压泵为手动液压源，普遍采用的传压介质为变压器油，对于压力高于2.5MPa的压力可以选用。

（三）工作原理

不论是气体压力泵或液体压力泵其工作原理基本一样。一般压力泵的基本构成是一个柱塞和一个缸筒，在缸筒上有一个进气口和一个出气口，在进气口有一个进气逆止阀，在出气口有一个出气逆止阀。它的基本工作原理是，柱塞在缸筒内上下运动，当柱塞向上移动时出气逆止阀关闭，进气逆止阀打开，在大气的压力下进入缸筒，当柱塞向下运动时进气逆止阀在弹簧压力的作用下关闭，出气逆止阀在柱塞压力的作用下打开，高压气进入高压管道。进气逆止阀的作用是只允许气体进入缸筒，不允许气体从缸筒流回储水盒；出气逆止阀的作用是只允许气体从缸筒进入高压管道，不允许气体从高压管道流回缸筒，这样在柱塞不断的上下运动中，气就不断地经缸筒进入高压管道，由于高压管道系统是密闭的所以高压管道内的气压就不断升高。对于液体压力泵工作原理同上，只是工作介质变为了液体而已。

（三）用途

压力泵可在其压力范围内为校验（检定）压力表、压力变送器、压力传感器、压力开关等压力仪器仪表提供稳定可靠的压力源，主要应用于计量、航天、军工、电力、石化、食品等行业的实验室及进行现场计量和科研的单位。

（四）使用注意事项

（1）压力泵使用前应反复活动活塞体，保证压力泵造压过程中不出现柱塞卡死现象，同时对于液体压力泵还可以起到将油缸内的气体排空的作用，保证压力输出的稳定。

（2）校验过程中注意各类连接处保持密封，校验完后在拆卸仪表前要先进行气体放空或者是打开放油阀排空，否则易损坏仪器仪表。

（3）在存放和使用过程中，应注意防尘。对于液体压力泵还要保证液压油的清洁，避免由于杂质较多影响系统的密封性能，导致压力不稳定或不能造压等故障。

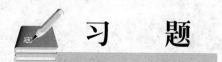

习 题

一、名词解释

工作测量标准　参考测量标准　有效面积

二、简答题

1. 简述活塞式压力计的工作原理。
2. 简述活塞式压力计操作注意事项。
3. 简述数字压力计的工作原理。
4. 简述过程校验仪使用注意事项。
5. 简述现场通信器的使用注意事项。
6. 简述直流电阻箱的使用注意事项。

第五章

天然气测量仪表维护

在生产现场中，由于系统控制方式以及测量方法上的不同，导致生产现场上所有仪表的安装方式的多样化。由于生产现场中主要是以组合测量为主，例如压力控制回路、温度控制回路、安全控制回路和计量系统联校等。因此日常检定工作则需要分别对单体仪表和组合仪表系统进行检定或校准。

计量器具的检定又简称计量检定，是查明和确认测量仪器符合法定要求的活动，它包括检查、加标记和（或）出具检定证书。校准是指在规定条件下的一组操作，其第一步是确定由测量标准提供的量值与相应示值之间的关系，第二步则是用此信息确定由示值获得测量结果的关系，这里测量标准提供的量值与相应示值都具有测量不确定度，通常把第一步作为现场校准。在生产现场中，检定工作主要是对直接测量的单体仪表（如普通压力表等）可以实现现场检定，而对于环境条件要求较高的单体设备（如压力变送器等）就不利于现场检定工作，而只能采用现场校准的方法进行周期检定。本章就天然气生产现场中使用的各类测量控制仪表的日常周期检定、首次检定或现场校准制定出详细的工作程序及相应的工作质量标准。同时有针对性地对现场常用的几类仪表的检定（校准）工作以及现场常见的系统维护进行分析处理。本章结合生产现场的实际使用情况分别对单体仪表检定及组合系统校准进行规范。

第一节　压力测量仪表

一、压力表

（一）检定操作程序

1. 一般压力表

1）准备工作

（1）准备工用具及材料：压力泵、活动扳手、螺丝刀、起针器、垫片和垫圈、变压器油（当压力≥60MPa时用癸二酸酯）、镊子、尖嘴钳、棉纱、验漏液、铅封、铅封线、记录表格、笔、合格证等。

（2）准备检定用标准器具：精密数字压力表（活塞式压力计、精密压力表）。注意：所选标准器的允许误差绝对值应不大于被检压力表允许误差的四分之一。

（3）调试标准器具：如选用活塞式压力计要将活塞调至水平位置，检查各连接管路接头处是否完好无泄漏。

（4）记录环境温、湿度：应符合 JJG52 检定规程要求，否则须进行相应的示值修正。

2）检定操作步骤

（1）关闭压力表取压阀，缓慢泄压并拆卸压力表，观察压力表指针回零时方可拆卸下压力表，并对压力管路进行吹扫，应无积液和堵塞现象。

（2）压力表外观检查：依据 JJG 52—2013《弹性元件式一般压力表、压力真空表和真空表检定规程》规定的外观要求进行外观检查。

（3）根据 JJG 52—2013 检定规程对被检压力表进行示值误差、回程误差、轻敲位移的计算。

（4）根据 JJG 52—2013 检定规程对被检压力表进行最大允许误差的计算。

（5）压力表示值误差的检定：示值检定应按标有数字的分度线进行。检定时应逐渐平稳的升压（或降压），对每一检定点在升压（或降压）检定时，待压力平稳后读取并记录轻敲表壳前后的示值。压力表的示值应该按分度值的五分之一估读。

（6）压力表回程误差的检定：对同一检定点，在升压（或降压）和降压（或升压）检定时，轻敲表壳后示值之差应符合规程要求。

（7）压力表轻敲位移的检定：对每一检定点，在升压（或降压）和降压（或升压）检定时，轻敲表壳后引起的示值变动量均应符合规程要求。

（8）压力表指针偏转平稳性的检定：在示值误差检定的过程中，用目力观测指针的偏转应平稳、无跳动或者卡住的现象。

（9）拆卸压力表及连接设备，清理标准器具和各种工用具。

①处理数据并完善检定记录。对检定合格的压力表出具检定证书，并附上铅封，对于检定不合格的压力表，出具检定不合格通知书，并注明不合格的项目和内容。

②将检定合格的压力表安装回取压位置，恢复正常取压。观察压力是否恢复正常并对比检定前后压力值。

3）收尾工作

整理工具、用具，清洁标准器并放回原位，清洁场地。

2. 精密压力表

1）准备工作

（1）准备工用具及材料：压力泵、活动扳手、螺丝刀、起针器、垫片和垫圈、变压油（当压力≥60MPa 时用癸二酸酯）、镊子、尖嘴钳、棉纱、验漏液、铅封、铅封线、记录表格、笔、合格证等。

（2）准备检定用标准器具：精密数字压力表或活塞式压力计。注意：所选标准器的允许误差绝对值应不大于被检精密压力表允许误差的四分之一。

（3）调试标准器具：如选用活塞式压力计要将活塞调至水平位置，检查各连接管路接头处是否完好无泄漏。

（4）记录环境温、湿度：应符合 JJG 49—2013《弹性元件式精密压力表和真空表检定规程》要求，否则须进行相应的示值修正。

2）检定操作步骤

（1）关闭精密压力表取压阀，缓慢泄压并拆卸压力表，观察压力表指针回零时方可拆卸下压力表，并对压力管路进行吹扫，应无积液和堵塞现象。

（2）精密压力表外观检查：依据 JJG 49—2013 检定规程规定的外观要求进行外观检查。

（3）将被检精密压力表安装在已调试好的标准装置上，要求密封无泄漏现象。还应使被检压力表指针轴和活塞的下端面在同一水平面上，否则，对液柱高度差所引起的压力值必须进行修正。

（4）根据 JJG 49—2013 检定规程对该精密压力表进行最大允许误差的计算。

（5）精密压力表示值误差的检定：精密表示值误差检定点应不少于 8 个点（不包括零值），检定点应尽可能在测量范围内均匀分布。检定时压力从零位开始，应逐渐平稳的升压（或降压），对各检定点进行示值检定，当示值达到测量上限后，切断压力源或真空源，耐压 3min，然后按原检定点平稳的降压（或升压），在升压或降压时应避免有冲击和回程现象。对每一检定点在升压和降压时均应进行两次读数，第一次在轻敲表壳前读取，第二次在轻敲表壳后读取（均应按分度值的十分之一估读），并将轻敲后的读数及轻敲表壳前后所引起的指针变动量分别记入检定记录。

（6）精密压力表回程误差的检定：对同一检定点，在升压（或降压）和降压（或升压）检定时，轻敲表壳后示值之差应符合规程要求。

（7）精密压力表轻敲位移的检定：对每一检定点，在升压（或降压）和降压（或升压）检定时，轻敲表壳后引起的指针示值变动量均应符合规程要求。

（8）精密压力表指针偏转平稳性的检定：在示值误差检定的过程中，用目力观测指针的偏转应平稳、无跳动或者卡住的现象。

（9）拆卸精密压力表及连接设备，清理标准器具和各种工用具。

①处理数据并完善检定记录。对检定合格的压力表出具检定证书（经检定低于原准确度等级的精密表，允许降级使用，但必须更改准确度等级的标志）并给出合格的准确度等级，附上封印标记。对于检定不合格的精密表，发给检定不合格通知书，并注明不合格的项目和内容。

②将检定合格的精密表安装回取压位置，恢复正常取压。观察压力是否恢复正常并对比检定前后压力。

3）收尾工作

整理工具、用具，清洁标准器并放回原位，清洁场地。

3. 数字压力表

1）准备工作

（1）准备工用具及材料：手动压力泵、活动扳手、螺丝刀、垫片和垫圈、变压油（当压力≥60MPa 时用癸二酸酯）、棉纱、验漏液、记录表格、笔、合格证等。

（2）准备检定用标准器具：数字压力计或活塞式压力计。注意：所选压力标准器的测量范围应大于或等于压力计的测量范围。对 0.05 级以上（含 0.05 级）的数字压力表，选用的压力标准器的最大允许误差绝对值应不大于数字压力表最大允许误差的二分之一；对 0.05 级以下的数字压力计，选用的压力标准器的最大允许误差绝对值应不大于数字压力表最大允许误差绝对值的三分之一。

（3）调试标准器具：如选用活塞式压力计要将活塞调至水平位置，检查各连接管路接头处是否完好无泄漏。

（4）记录环境温湿度：应符合 JJG 875—2005《数字压力计检定规程》要求，否则须进行相应的示值修正。

2）检定操作步骤

（1）数字压力表外观检查：依据 JJG 875—2005 检定规程规定的外观要求进行外观检查。

（2）将被检数字压力表安装在已调试好的标准装置上，并保证被检数字压力表和标准装置受压点在同一水平面上。当两者的受压点不在同一水平面上时，因工作介质高度差引起的检定附加误差应不大于压力表最大允许误差的十分之一，否则，应进行附加误差修正。

（3）根据 JJG 875—2005 检定规程对该数字压力表进行最大允许误差的计算。

（4）数字压力表示值误差的检定：检定点的选取及检定循环次数：准确度等级为 0.05 级及以上，压力表检定点不少于 10 点（含零点）；准确度为 0.1 级及以下的压力表检定点不少于 5 点（含零点），所选取的检定点应较均匀地分布在全量程范围内；准确度等级为 0.05 级及以上的压力计，升压、降压（或疏空、增压）检定循环次数为两次；0.1 级及以下的压力表检定循环次数为一次。示值检定前应做 1~2 次升压（或疏空）试验。检定中升压（或疏空）和降压（或增压）应平稳，避免有冲击和过压现象。在各检定点上应待压力值稳定后方可读书，并做好记录。

（5）数字压力表回程误差的检定：回程误差可利用示值误差检定的数据进行计算。取同一检定点上正、反行程示值之差的绝对值作为压力表的回程误差。

（6）拆卸数字压力表及连接设备，清理标准器具和各种工用具。

（7）处理数据并完善检定记录。对检定合格的数字压力表出具检定证书，对于检定不合格的数字压力表，出具检定结果通知书，并注明不合格的项目和内容。

3）收尾工作

整理工具、用具，清洁标准器并放回原位，清洁场地。

4. 电接点压力表

1）准备工作

（1）准备工用具及材料：压力泵、活动扳手、螺丝刀、起针器、垫片和垫圈、变压油（当压力≥60MPa 时用癸二酸酯）、镊子、尖嘴钳、棉纱、验漏液、铅封、铅封线、记录表格、笔、合格证等。

（2）准备检定用标准器具：精密数字压力表（活塞压力计、精密压力表）。注意：所选标准器的允许误差绝对值应不大于被检压力表允许误差的四分之一。

（3）调试标准器具：如选用活塞压力计要将活塞调至水平位置，检查各连接管路接头处是否完好无泄漏。

（4）记录环境温、湿度：应符合 JJG 52—2013 检定规程要求，否则须进行相应的示值修正。

2）检定操作步骤

（1）截断电接点压力表电源，用拨针器将两个信号接触指针分别拨到上限及下限以外。关闭电接点压力表取压阀，缓慢泄压并拆卸压力表，观察压力表指针回零时方可拆卸下压力表，并对压力管路进行吹扫，吹扫应保证导压管路无堵塞、积液现象。

（2）电接点压力表外观检查：依据 JJG 52—2013 检定规程规定的外观要求进行外观检查。

（3）将被检电接点压力表安装在已调试好的标准装置上，并保证被检压力表和标准仪器的受压点处于同一水平面上。如不在同一水平面上，应考虑由液柱高度差所产生的压力误差。

（4）根据 JJG 52—2013 检定规程对该压力表进行最大允许误差的计算。

（5）电接点压力表示值误差的检定：示值检定应按标有数字的分度线进行。检定时应逐渐平稳的升压（或降压），对每一检定点在升压（或降压）检定时，待压力平稳后读取并记录轻敲表壳前后的示值。压力表的示值应该分度值的五分之一估读。

（6）电接点压力表回程误差的检定：对同一检定点，在升压（或降压）和降压（或升压）检定时，轻敲表壳后示值之差应符合规程要求。

（7）电接点压力表轻敲位移的检定：对每一检定点，在升压（或降压）和降压（或升压）检定时，轻敲表壳后引起的示值变动量均应符合规程要求。

（8）电接点压力表指针偏转平稳性的检定：在示值误差检定的过程中，用目力观测指针的偏转应平稳、无跳动或者卡住的现象。

（9）设定点偏差和切换差检定：对每一个设定点应在升压和降压两种状态下进行设定点偏差检定。上限设定在量程的 50% 及 75% 附近两点，下限设定在量程的 25% 及 50% 附近两点。使设定指针位于设定值上，平稳缓慢的升压或降压，直至信号接通或断开为止。在标准器上读取压力值为上切换值或下切换值。设定点的示值与信号切换时压力值之差应符合规程规定。在同一设定点上，压力表信号接通与断开时（切换时）的实际压力值之差，应符合规程规定。

①拆卸压力表及连接设备，清理标准器具和各种工用具。

②处理数据并完善检定记录。对检定合格的压力表出具检定证书，并附上封印标记，对于检定不合格的压力表，出具检定不合格通知书，并注明不合格的项目和内容。

③将检定合格的压力表安装回取压位置，接通电源，恢复正常取压。观察压力是否恢复正常并对比检定前后压力。

3）收尾工作

整理工具、用具，清洁标准器并放回原位，清洁场地。

(二) 压力表选用及安装注意事项

1. 压力表选用

(1) 常用压力表准确度等级有 1 级、1.6 级、2.5 级和 4 级 4 个等级，应该从生产工艺要求以及最经济角度合理选用。压力表的最大允许误差是压力表的量程与准确度等级百分比的乘积，如果误差值超过工艺要求准确度，则需更换准确度高一级的压力表。

(2) 根据被测介质的性质，如状态 (气体、液体)、黏度、腐蚀性、易燃和易爆程度等选用相应的压力表。

①用于酸性天然气压力测量时，必须选用抗硫压力表。

②用于非酸性天然气压力测量时，且所测压力用于天然气外销或者分公司内部交接的流量计量、进出站压力监测的重要部位，应选择精密压力表。

③用于氧气压力测量时，选用氧气压力表。

④用于乙炔压力测量时，选用乙炔压力表。

⑤在易燃、易爆的场合，如需电接点信号时，应选用防爆压力控制器或防爆电接点压力表。

(3) 根据现场的环境条件，如环境温度、振动、潮湿程度等选用合适的压力表。如用于振动环境条件 (例如增压机组) 需选用耐振压力表。

(4) 压力表量程选择原则如下：

①在被测压力较稳定的情况下，被测压力应在压力表测量范围的 1/3~2/3，最大不得超过 3/4；

②对于脉动压力，被测压力应在压力表测量范围的 1/3~1/2，最大不超过 2/3。

(5) 外形尺寸的选择。

①在管道和设备上安装的压力表，一般选择表盘直径为 100mm 或 150mm 的压力表。

②在仪表气动管路及其辅助设备上安装的压力表，一般选择表盘直径小于 60mm 的压力表。

③安装在照度较低、位置较高或示值不易观测场合的压力表，一般选择表盘直径为 150mm 或 200mm 的压力表。

2. 安装更换注意事项

(1) 压力表的取压点必须选在能正确反映压力实际大小的地方。插入生产设备的取压管的内端面，与工艺设备的接触处内壁应保持平齐，不许有凸出物或者毛刺，以免影响静压力的正确取得。

(2) 压力表必须垂直安装，宜安装在管道上方，安装位置的高低应该适合人员的观测。

(3) 取压口到压力表之间应该安装截断阀，截断阀应该安装在靠近取压口的地方，导压管不宜过长，否则造成测量滞后。

(4) 当压力表用于含硫天然气压力测量时，应选用耐硫压力表；用于井口油套压测量时，应在压力表与截断阀之间安装隔离器。

(5) 对于在用的压力表，要注意观测测量压力的变化趋势，若超过压力表全量程的

2/3 或者低于 1/3，应及时更换压力表，做好更换记录，并说明更换原因。

（6）使用中发现有腐蚀严重、无压力时指针不能回零、表内漏气等影响正常测量的压力表应该及时更换，做好更换记录，并说明原因。

（7）压力表的连接口，应根据被测压力的高低和介质性质，选择适当材料的密封垫片，保证密封性，不应有泄漏现象。

（三）常见故障及处理

压力表的常见故障及处理见表 5-1。

表 5-1　压力表常见故障及处理

序号	故障现象	原　因	排除方法
1	压力表指针不转动	（1）压力引入接头或导压管堵塞	（1）卸表检查，清除污物，吹扫导压管
		（2）指针和表玻璃或者刻度盘盘接触，阻力大	（2）调整指针与表玻璃或者刻度盘的距离，使其不再接触
		（3）截止阀未开或者堵塞	（3）检查截止阀
		（4）内部传动机构卡住，零件松动或者缺少零件，阻力过大	（4）拆开检查，调整卡住位置或加润滑油，配齐零部件，紧固松动处
2	指针不回零	（1）弹簧管损坏或变形	（1）更换弹簧管
		（2）齿轮轴上游丝盘不紧，转矩过小	（2）增大游丝转矩
		（3）传动机构有松动	（3）对传动机构松动部位进行紧固
		（4）传动机构阻力大	（4）清洗后上油重装
3	表内有液体出现	（1）表外壳与盖子密封差	（1）重新配置合适的密封垫
		（2）弹簧管内有破损漏气现象	（2）补焊或者更换新弹簧管（压力表）
4	电接点压力表电接点过早或过晚发生信号	（1）触点位置不正	（1）将触点校正垂直到恰当发生信号为止
		（2）触点金属杆松动	（2）设法牢固松动点，较轻微者，采用适当放大游丝，增加游丝的反力矩
5	电接点压力表电接点装置不发生信号	（1）触点太脏或有异物造成接触不良	（1）用砂纸打磨除去脏污，去除异物
		（2）信号装置绝缘层受潮	（2）用热风吹干受潮部位
		（3）电路不通	（3）查找断路并予以处理

二、压力变送器

（一）检定操作程序

1. 压力变送器

1）准备工作

（1）准备工用具及材料：手操器、连接线、压力泵、螺丝刀、活动扳手、密封垫、验漏液、棉纱、手套、变压油、记录表格、笔、合格证等。

（2）准备标准器具：过程压力校验仪、活塞式压力计。成套后的标准器，包括整个检定设备在内检定时引入的扩展不确定度 U_{95} 应不超过被检压力变送器最大允许误差绝对值的 1/4；对 0.1 级和 0.05 级被检压力变送器，由此引入的 U_{95} 应不超过被检压力变送器最大允许误差绝对值的 1/3。

（3）调试标准器具及位置。选用活塞式压力计要将活塞调至水平位置，检查各连接管路接头处是否完好无泄漏。

（4）记录环境温、湿度：依据 JJG 882—2004《压力变送器检定规程》规定的温度及湿度范围进行检定。

2）检定操作步骤

（1）操作流量计算机停止计量，设置为校表状态。

（2）关闭压力变送器取压阀，观察压力变化，检验导压系统泄漏情况，若无泄漏对导压管路放空并进行吹扫，应无堵塞和积液现象。观察压力变送器表头零位显示，可利用外调零位螺钉对零位进行微调，顺时针调节输出增大，逆时针调节输出减小。

（3）压力变送器外观检查：依据 JJG 882—2004 检定规程规定的外观要求进行外观检查。

（4）将已调试好的标准器与被检压力变送器进行管路连接，使导压管中充满传压介质。应使变送器取压口的参考平面与活塞压力计的活塞下端面（或标准器取压口的参考平面）在同一水平面上，否则应予修正。

（5）压力变送器示值误差的检定：检定点的选择应按量程基本均布，一般应包括上限值、下限值（或其附近 10% 输入量程以内）在内不少于 5 个点。优于 0.1 级和 0.05 级的压力变送器应不少于 9 个点。从下限开始平稳地输入压力信号到各检定点，读取并记录输出值至上限；然后反方向平稳改变压力信号到各个检定点，读取并记录输出值直至下限，此为一次循环。如此进行两个循环的检定。强制检定的压力变送器应至少进行上述三个循环的检定。在检定过程中不允许调整零点和量程，不允许轻敲和振动变送器，在接近检定点时，输入压力信号应足够慢，避免过冲现象。

（6）压力变送器回差的检定：回差的检定与测量误差的检定同时进行。

（7）拆卸连接设备，清理标准器具及工用具。

（8）处理数据并完善检定记录。对检定合格的压力变送器出具检定证书；对于检定不合格的压力变送器，出具检定结果通知书，并注明不合格项目。

（9）验漏启表，恢复正常取压。安装前确认取压接头内有密封垫，使用活动扳手紧固连接处，关闭导压管放空截止阀，缓慢开启取压阀，用验漏液对导压管路、各连接处进行验漏并处理，观察压力是否恢复正常，在流量计算机上从校表状态恢复至计量状态。

3）收尾工作

整理工具、用具，清洁标准器并放回原位，清洁场地。

2. 差压变送器

1）准备工作

（1）准备工用具及材料：手操器、连接线、三通导压管、压力泵、螺丝刀、活动扳手、密封垫、验漏液、棉纱、手套、变压油、记录表格、笔、合格证等。

（2）准备标准器具：过程压力校验仪、压力模块。成套后的标准器，包括整个检定设备在内检定时引入的扩展不确定度 U_{95} 应不超过被检压力变送器最大允许误差绝对值的 1/4；对 0.1 级和 0.05 级被检压力变送器，由此引入的 U_{95} 应不超过被检压力变送器最大允许误差绝对值的 1/3。

（3）调试标准器具及位置。检查各连接管路接头处是否完好无泄漏。

（4）记录环境温、湿度：依据 JJG 882—2004 检定规程规定的温度及湿度范围进行检定。

2）检定操作步骤

（1）将计量系统设置为校表状态。

（2）关闭差压变送器取压阀，观察压力变化，检验导压系统泄漏情况，若无泄漏打开三阀组平衡阀，关闭高低压室截止阀，关闭平衡阀（若无三阀组，略过此步）对导压管路放空并进行吹扫，应无堵塞和积液现象。观察差压变送器表头零位显示，可利用外调零位螺钉对零位进行微调，顺时针调节输出增大，逆时针调节输出减小。

（3）差压变送器外观检查：依据 JJG 882—2004 检定规程规定的外观要求进行外观检查。

（4）将已调试好的标准器与被检差压变送器进行管路连接，使导压管中充满传压介质。静态过程压力可以是大气压力（即低压室通大气）；强制检定的差压变送器，检定时的静态过程压力应保持在工作压力状态。

（5）差压变送器示值误差的检定：检定点的选择应按量程基本均布，一般应包括上限值、下限值（或其附近10%输入量程以内）在内不少于5个点。优于 0.1 级和 0.05 级的压力变送器应不少于9个点。从下限开始平稳地输入压力信号到各检定点，读取并记录输出值至上限；然后反方向平稳改变压力信号到各个检定点，读取并记录输出值直至下限，这为一次循环。如此进行两个循环的检定。强制检定的压力变送器应至少进行上述三个循环的检定。在检定过程中不允许调整零点和量程，不允许轻敲和振动变送器，在接近检定点时，输入压力信号应足够慢，避免过冲现象。

（6）差压变送器回差的检定：回差的检定与测量误差的检定同时进行。

（7）拆卸连接设备，清理标准器具及工用具。

（8）处理数据并完善检定记录。对检定合格的差压变送器出具检定证书；对于检定不合格的差压变送器，出具检定结果通知书，并注明不合格项目。

（9）验漏启表，恢复正常取压。安装前确认取压接头内有密封垫，使用活动扳手紧固连接处，关闭导压管放空阀，打开三阀组平衡阀，缓慢开启取压阀，再关闭平衡阀（若无三阀组，略过此步）用验漏液对导压管路、各连接处进行验漏并处理，观察压力是否恢复正常，在流量计算机上从校表状态恢复至计量状态。

3）收尾工作

整理工具、用具，清洁标准器并放回原位，清洁场地。

（二）使用注意事项

（1）切勿用高于 36V 电压加到变送器上，否则会导致变送器损坏。

（2）切勿用硬物碰触膜片，否则会导致隔离膜片损坏。

（3）被测介质不允许结冰，否则将损伤传感器元件隔离膜片，导致变送器损坏，必要时需对变送器进行温度保护，以防结冰。

（4）在测量蒸汽或其他高温介质时，其温度不应超过变送器使用时的极限温度，高于变送器使用的极限温度必须使用散热装置。

（5）测量蒸汽或其他高温介质时，应使用散热管，使变送器和管道连在一起，并使用管道上的压力传至变送器。当被测介质为水蒸气时，散热管中要注入适量的水，以防过热蒸汽直接与变送器接触，损坏传感器。

（6）在压力传输过程中，应注意以下几点：

①变送器与导压管路各连接处，切勿漏气。

②开始使用前，如取压阀未打开，应缓慢地打开取压阀，以免被测介质直接冲击传感器膜片，使传感器膜片损坏。

③管路中必须保持畅通，管道中的沉积物容易损坏传感器膜片。

（7）变送器拆前后盖的任何操作都必须先断电再开盖。在必须带电开盖进行维护作业的情况下，常用气体检测仪来检查有无爆炸性气体。如果不能确定有无爆炸性气体，维护作业限定为以下两项：

①目视检查隔爆设备、金属套管和电缆有无损坏或腐蚀，以及其他机械和结构有无缺陷。

②零点和量程调整，这些操作只能在设备外部并且不开盖的情况下进行，作业时，必须非常小心工具不要产生火花。

（8）使用中要定期检查压力（差压）变送器回路，以保证变送器能正常工作。检查内容如下：

①泄漏检查。检查变送器、接头和阀门等密封处有无泄漏，如有泄漏要及时处理。

②排污检查。如果测压介质中带有液体，应定期从引压管的排污口和变送器的排污口进行排出。

③零位检查。变送器使用一段时间后零位可能发生漂移，应定期对变送器的零位进行检查和调整。

（三）常见故障及处理

智能压力变送器具有良好的技术性能，但是在运行中难免也会发生故障。当有故障发生时，最为直观的就是在变送器液晶显示屏和流量计算机上的显示。下面针对几种常见故障及处理方法进行介绍。

1. 变送器常见故障及处理

变送器常见故障及处理见表 5-2。

表 5-2 变送器常见故障及处理

序号	故障现象	原因	排除方法
1	变送器无输出	（1）电源接反	（1）把电源极性接正确
		（2）供电电压不正常	（2）测量变送器的供电电源，是否有24V直流电压，如果没有电源，则应检查回路是否断线并回复接线
		（3）电源线没接在变送器电源输入端	（3）把电源线接到变送器电源输入端上
2	压力指示不正确	（1）压力变送器电源不正常	（1）如果小于12VDC，则应检查回路中是否有大的负载
		（2）参照的压力值不正确	（2）如果参照压力表的精度低，则需另换精度较高的压力表
		（3）流量计算机上设置的量程与压力变送器的量程不一致	（3）检查流量计算机上设置的量程和压力变送器的量程，必须保持一致
		（4）端子柜的输入与相应的接线不正确	（4）端子柜的输入应是4~20mA的，变送器输出信号可直接接入，检查端子柜内接线
		（5）相应的设备外壳未接地或接地方式不正确	（5）设备外壳接地及正确接地
		（6）与交流电源及其他电源没有分开走线	（6）与交流电源及其他电源分开走线
		（7）压力传感器损坏，严重的过载已损坏隔离膜片	（7）发回生产厂家进行修理，并在以后的使用过程中采取适当的措施防止过载现象的发生
		（8）导压管路内有沙子、杂质等堵塞，有杂质时会使测量精度受到影响	（8）吹扫导压管路并清理杂质，并在压力接口前加装过滤装置
3	变送器输出≥20mA	（1）变送器电源不正常	（1）如果小于12VDC，则应检查回路中是否有大的负载
		（2）实际压力超过压力变送器的所选量程	（2）重新选用适当量程的压力变送器
		（3）压力传感器损坏	（3）返回生产厂家进行修理
		（4）接线有松动	（4）合理利用工具检查线路，并恢复松动部位接线
		（5）电源线没接在相应的电源接线柱上	（5）恢复正确的电源线接线
4	变送器输出≤4mA	（1）变送器电源不正常	（1）检查电源是否有故障并排除
		（2）实际压力超过压力变送器的所选量程	（2）重新选用适当量程的压力变送器
		（3）压力传感器损坏	（3）返回生产厂家进行修理

2. 变送器智能诊断

现在使用的变送器大部分都有智能诊断功能，当变送器出现异常情况时在表头显示屏上有提示，以 EJA 型智能变送器为例：

（1）如线路故障，则表头无显示，依据常规变送器故障排除法进行排查和处理。

（2）如变送器发生故障，变送器自诊断功能根据故障性质显示错误代码，如果错误多于一条，错误代码将每隔2s交替显示。

变送器智能诊断故障及处理见表5-3。

表5-3　变送器智能诊断故障及处理

序号	内藏指示计显示	原　因	措　施
1	Er. 01	膜盒错误	更换膜盒
2	Er. 02	放大器错误	更换放大器
3	Er. 03	输入超出膜盒测量极限	检查输入
4	Er. 04	静压超出规定值	检查静压
5	Er. 05	膜盒温度越界-50~130℃	采取热隔离或加强散热，保持温度在界内
6	Er. 06	膜盒温度越界-50~95℃	采取热隔离或加强散热，保持温度在界内
7	Er. 07	输出超出上下限值	检查输入和量程设定，并视需要作修正
8	Er. 08	显示值超出上下限值	检查输入和显示状态，并视需要作修正
9	Er. 09	LRV超出设定值	检查LRV，并视需要修改
10	Er. 10	HRV超出设定值	检查HRV，并视需要修改
11	Er. 11	量程超过设定值	检查量程，并视需要修改
12	Er. 12	零点调整范围过大	重新调零

第二节　温度测量仪表

一、玻璃棒式温度计

（一）检定操作程序

1. 准备工作

（1）打开空气开关，确保检定室内空气流通。

（2）准备工具：标准装置、专用手套、毛巾、记录表格、中性笔等。

（3）根据被检表测量范围选择相应标准温度计，并检查标准器是否清洁、完好，是否在有效期内。

（4）检查各温槽温度传递介质液位，是否需要添加介质。

（5）记录环境温度、相对湿度。

2. 检定操作步骤

（1）外观检查：符合JJG 130—2011《工作用玻璃液体温度计》检定规程规定。

（2）下限点的检定。

①开低温检定槽：打开低温槽电源，必要时进行温度修正。

②设置下限点温度：按下限检定点设定低温槽温度，打开制冷开关，将搅拌旋钮扭到"6或7"，使温场均匀。

③检定下限点：将标准和被检温度计按照浸没标志要求垂直插入低温槽内，距离槽壁不小于 20mm，待温槽温度达到设定温度，且标准和被检温度计示值稳定 10min 后读数。通过比较法检定，高精密温度计读数四次，普通温度计读数两次，其顺序为：标准→被检 1→被检 2→……→被检 n，然后按相反顺序读回到标准，记录每次读数。

（3）中间点的检定。

①设置中间点温度：关闭制冷开关，将搅拌旋钮旋转到 0（关闭）。根据所需设定中间点温度。打开制热开关，将搅拌旋钮扭到中间档位，使温场均匀。

②检定中间点：待温槽温度达到设定温度后，通过比较法进行检定，高精密温度计读数四次，普通温度计读数两次，其顺序为：标准→被检 1→被检 2→……→被检 n，然后按相反顺序读回到标准，记录每次读数。

（4）上限点的检定。

①设置上限点温度。

a. 设置上限点温度（用低温槽）：关闭制冷开关，将搅拌旋钮旋转到 0（关闭）。根据所需设定上限点温度。打开制热开关，将搅拌旋钮扭到中间档位，使温场均匀。

b. 设置上限点温度（用高温槽）：打开高温槽电源，必要时进行温度修正。按上限点设定温度，将搅拌旋钮扭到中间档位，使温场均匀。

②检定上限点。

a. 检定上限点（用低温槽）：待温槽温度达到设定温度，且标准和被检温度计示值稳定 10min 后读数。通过比较法检定，高精密温度计读数四次，普通温度计读数两次，其顺序为：标准→被检 1→被检 2→……→被检 n，然后按相反顺序读回到标准，记录每次读数。

b. 检定上限点（用高温槽）：将标准和被检温度计按照浸没标志要求垂直插入高温槽内，距离槽壁不小于 20mm，待温槽温度达到设定温度，且标准和被检温度计示值稳定 10min 后读数。通过比较法检定，高精密温度计读数四次，普通温度计读数两次，其顺序为：标准→被检 1→被检 2→……→被检 n，然后按相反顺序读回到标准，记录每次读数。

（5）关闭温槽：关闭制冷（热）开关，将搅拌旋钮旋转到 0（关闭），关闭电源。

（6）取出标准和被检温度计：待温槽冷却至室温后取出标准和被检温度计。测定零点位置：二等水银温度计使用完毕，测定其零点位置。若零点位置发生变化，则求出其各点新的示值修正值。

（7）数据处理：分别计算标准温度计示值（或温度示值偏差）的算术平均值和各被检温度计温度示值偏差的算术平均值，按 JJG130 检定规程要求进行实际温度与修正值的计算。

（8）检定结果判断：完善记录，判断玻璃棒式温度计是否合格。经检定合格的玻璃棒式温度计发给检定证书，经检定不合格的玻璃棒式温度计发给检定结果通知书。

3. 收尾工作

关闭排气扇开关，整理工具、用具，清洁温槽，清洁标准器并放回原位，清洁场地。

（二）使用注意事项

（1）玻璃温度计的测量上限受玻璃的机械强度、软化变形及工作液体沸点的限制，在使用时被测温度不允许超过温度计的上限值；用于天然气生产现场温度测量的温度仪表量程，应满足天然气温度变化在其等分刻度仪表满量程的 30%~70%。

（2）温度计容易断裂，使用时轻拿轻放，必要时可外罩以金属罩；在测量过高或过低的温度时，首先必须预热或预冷，以免炸裂；检定中从温槽取出温度计时应清洁温度计外表避免滑落。

（3）在使用玻璃温度计测温时，温度计必须有足够的插入深度。对全浸式温度计在测量时应将液柱尽量全部浸入被测介质中，检定时必须全部浸入；对于局浸式温度计要按规定浸入。

（4）由运输不慎或骤然降温造成液柱断裂的温度计不能再使用，须经修复并校验合格后可继续使用。

（5）当工作液体黏附在管壁上时，称这种现象为挂壁。有挂壁现象的温度计不能再使用，须经修复校验合格后方可使用。

（6）温度计插入被测介质时，要稳定一段时间后才能读数，并且在读数时不允许从被测介质中抽出。

（7）读数时，为了消除视力误差，眼睛要与液面垂直，做到眼睛、刻度线、液面三点一线；对于玻璃水银液体温度计，要读凸面最高点的温度；对于玻璃有机液体温度计，要读凹面最低点的温度。

（8）要按规定周期送检温度计，使用中的温度计必须是经检定合格并在有效期内的。

（三）温度计的常见故障及处理

1. 温度计感温液柱修复方法

（1）热接法：将温度计放在热水中或酒精等附近加热，一直到整体感温液柱与分离部分连接为止。如有气泡存在，需要在安全泡内连接。

（2）冷接法：对测量温度较高的温度计应放入低温环境中，使感温液体收缩，并轻轻弹动温度计，使分离部分在感温泡内与整体连接。

（3）震动法：在工作台上放置橡胶垫等比较有弹性的物品，沿垂直方向轻轻振动温度计的感温泡，使整体感温液柱与分离部分逐渐连接。液柱断裂或挂壁不严重的，也可用手指轻弹感温泡，直至复原。

（4）离心法：将断节的温度计放在专用离心机里，由于离心作用，使断节的液柱与主体连接起来。

液柱断节的修复，在实际工作中经常会遇见，需注意的是：当断节的液滴处于安全泡顶部位置时，修复比较困难，稍不注意就会使下泡炸裂，所以修复时要加倍小心，一般不采用热接法。

2. 水银温度计破碎后的实验室参考处置方法

（1）水银温度计破碎后立即打开门窗，促进通风，数分钟后才可以收拾碎片和泄漏的水银。清除水银者应摘除手上佩戴的珠宝饰物、手表等，防止上述物品与水银结合。

（2）当水银颗粒较大时，可用纸卷成筒，或用注射器、胶带、湿润棉棒收集，最后将水银装入一个盛有水的大磨口瓶中，瓶上应张贴明显标志，注明"废旧水银"。

（3）当水银颗粒较小时，污染地面或散布在缝隙中时，可取适量硫黄粉覆盖或用20%三氯化铁或10%漂白粉溶液喷洒，保留半小时左右。将使用过的清除物品及硫黄粉等收集到一个塑料袋内，张贴明显标志，注明"废旧水银"。

（4）皮肤接触水银后应立即用清水冲洗。

（5）如果水银温度计在较高温度的恒温槽中破碎，应立即关闭恒温槽电源，将恒温槽内介质放空，将沉入恒温槽底部的水银迅速吸出。因为温度越高，水银蒸发越快。此时实验室内水银蒸气浓度较高，建议关闭实验室门窗，将少量碘粉装入试管中，用酒精灯加热进行熏蒸，使水银蒸气与碘蒸气生成难挥发的碘化汞，沉降后用水清洗干净并及时通风。

（6）将上述废物交有关环保部门处理。

二、双金属温度计

（一）检定操作程序

1. 准备工作

（1）打开排气扇开关，确保检定室内空气流通。

（2）准备工具：标准装置、专用手套、毛巾、记录表格、中性笔等。

（3）根据被检表测量范围选择相应标准温度计，并检查标准器是否清洁、完好，是否在有效期内；

（4）检查各温槽温度传递介质液位，是否需要添加或更换介质。

（5）记录环境温度、相对湿度。

2. 检定操作步骤

（1）外观检查：符合 JJG 226—2001《双金属温度计检定规程》规定。

（2）绝缘电阻检查：用额定直流电压为相应规定值的兆欧表分别测量输出端子之间、输出端子与接地端子之间的绝缘电阻，应符合 JJG226 检定规程规定。

（3）下限点（零点）的检定。

①设置下限点（零点）：温度打开低温槽电源，必要时进行温度修正。设定好下限点温度，打开制冷开关，将搅拌旋钮扭到中间档位，使温场均匀。

②检定下限点（零点）：将标准器和被检温度计按照浸没要求垂直插入低温槽内，距离槽壁不小于20mm，待温槽温度达到设定温度，且标准和被检温度计示值稳定10min后读数，记录标准和被检温度计的读数。

（4）中间点的检定。

①设置中间点温度：关闭制冷开关，将搅拌旋钮旋转到0（关闭）。根据所需设定中间点温度，打开加热开关，将搅拌旋钮扭到中间档位，使温场均匀。

②检定中间点：待温槽温度达到设定温度后，记录标准和被检温度计的读数。

（5）上限点的检定（用高温槽）。

①设置上限点温度：打开高温槽电源，必要时进行温度修正。设定上限点温度，打开加热开关，将搅拌旋钮扭到中间档位，使温场均匀。

②检定上限点：将标准和被检温度计按照浸没要求垂直插入高温槽内，距离槽壁不小于20mm，待温槽温度达到设定温度，且标准和被检温度计示值稳定10min后读数。记录标准和被检温度计的读数。

（6）回程检定（中间点检定）：将标准和被检温度计按照浸没要求垂直插入低温槽内，距离槽壁不小于20mm，待温槽温度达到设定温度，且标准和被检温度计示值稳定10min后读数。记录标准和被检温度计的读数。

（7）关闭温槽：关闭制冷（热）开关，将搅拌旋钮旋转到0（关闭），关闭电源。

（8）取出标准和被检温度计待温槽冷却至室温后取出标准和被检温度计。

（9）角度调整误差的检定在室温下进行，可调角温度计因角度调整引起的示值变化应不超过其量程的1.0%。

（10）回差检定：回差检定与示值检定同时进行（检定点除上限值和下限值外），应不大于最大允许误差的绝对值。

（11）重复性检定：在正反行程示值检定中，各检定点上分别重复进行多次（至少三次）示值检定，计算出各点同一行程示值之间的最大差值即为温度计的重复性。

（12）设定点误差检定。

①首次检定的电接点温度计设定点误差的检定应在量程的10%，50%和90%的设定点上进行，在每个设定点上，以正、反行程为一个循环，检定应至少进行三个循环。

②将被测电接点温度计接到信号电路中，然后缓慢贯边恒温槽温度（温度变化应不大于1℃/min），使接点产生闭合和断开的切换动作（信号电路接通和断开）。在动作瞬间，读取的标准温度计示值，即为接点正行程和反行程的上切换值和下切换值。如此进行三个循环。

③计算上切换值平均值和下切换值平均值的平均值为切换中值；设定点误差由切换中值与设定点温度值之间的差值来确定。设定点误差应不大于最大允许误差的1.5倍。

④后续检定和使用中检验的电接点温度计设定点误差允许只在一个温度点上进行，该设定点温度可根据用户要求而定；允许只进行正、反行程一个循环的试验，以上切换值和下切换值的平均值作为切换中值，设定点的误差由切换中值与设定点温度值之间的差值来确定。若对检定结果产生疑义需仲裁时，可增加一个循环的实验。计算上切换值平均值和下切换值平均值的平均值为切换中值，并计算出设定点误差，应不大于最大允许误差的1.5倍。

（13）切换差。

①首次检定的温度计，其切换差的检定与设定点误差的检定同时进行，在同一设定点上，上切换值平均值和下切换值平均值之差值为该点的切换差。应不大于最大允许误差的1.5倍。

②后续检定和使用中检验的电接点温度计，在其设定点上，上切换值与下切换值之差即为切换差。应不大于最大允许误差的1.5倍。

（14）切换重复性：首次检定的温度计，分别计算出在同一设定点上所测得的上切换值之间的最大差值和下切换值之间的最大差值，取其中最大值作为切换重复性，应不大于最大允许误差绝对值的 1/2。

（15）数据处理：分别计算各检定点的示值误差，按 JJG226 检定规程 5.1 要求进行判定。

（16）检定判断：完善记录，判断双金属温度计是否合格。经检定合格的双金属温度计发给检定证书，经检定不合格的双金属温度计发给检定结果通知书。

3. 收尾工作

关闭排气扇开关，整理工、用具，清洁温槽，清洁标准器并放回原位，清洁场地。

（二）使用注意事项

1. 侵入要求

双金属温度计保护管浸入被测介质中长度必须大于感温元件的长度，一般浸入长度大于 100mm，0~50℃ 量程的浸入长度大于 150mm，以保证测量的准确性。

2. 适用要求

各类双金属温度计不宜用于测量敞开容器内介质的温度，带电接点温度计比翼在工作震动较大的场合的控制回路中使用。

3. 保护管要求

双金属温度计在保管、使用安装及运输中，应避免碰撞保护管，切勿使保护管弯曲变形及将表当扳手使用。

4. 周检

温度计在正常使用的情况下应予定期检验。一般以每隔六个月为宜（规程中要求不超过一年）。电接点温度计不允许在强烈震动下工作，以免影响接点的可靠性。

5. 量程要求

用于天然气生产现场温度测量的温度仪表量程，应满足天然气温度变化在其等分刻度仪表满量程的 30%~70%。

6. 安装要求

安装双金属温度计时，在温度计套管中加注适量导热油，安装时注意不得拧表头。

（三）常见故障及处理

双金属温度计常见故障及处理见表 5-4。

表 5-4　双金属温度计常见故障及处理

序号	故障现象	原因	排除方法
1	无指示	（1）弹簧管内污物淤积而阻塞	（1）洗掉弹簧管内污物，用钢丝疏通
		（2）扇形齿轮与小齿轮阻力过大	（2）调整配合间隙至适中
		（3）两齿轮磨损过多，无法啮合	（3）更换两齿轮
2	指针回转迟钝或跳动	（1）传动件的配合间隙过小，传动不灵活	（1）增大配合间隙，或加钟表油润滑
		（2）传动件间活动部位有积污，传动不灵	（2）清洗除锈，除污物或更换传动件
		（3）自由端与连杆连接不灵活	（3）调整连接方式至灵活为止
		（4）指针与表盘有摩擦	（4）矫正指针，加厚玻璃下面的衬圈

序号	故障现象	原因	排除方法
3	指针转动不平稳	（1）扇形齿轮倾斜	（1）矫正或更换齿轮
		（2）指针轴弯曲	（2）校直针轴
		（3）夹板弯曲	（3）校正夹板平直度
		（4）支柱倾斜，引起上下夹板不平行	（4）校正支柱，加减垫圈使夹板平行
4	指针偏离零位、示值误差超差的原因及处理	（1）传动机构的紧固螺钉松动	（1）拧紧固定螺钉
		（2）弹簧管产生永久变形	（2）重装指针，必要时更换新弹簧管
5	指针不能指示上线刻度原因及处理	（1）传动比小	（1）把传动比调节螺钉往里移
		（2）弹簧管焊接位置不当	（2）重新焊接

三、铂电阻温度计

（一）检定操作程序

以 CST4001 温度自动检定系统装置为例进行介绍。

1. 准备工作

（1）打开排风扇开关，确保检定室内空气流通。

（2）准备工具：万用表、螺丝刀、专用手套、毛巾、记录纸、中性笔等。

（3）检查标准器是否清洁、完好，是否在有效期内；检定系统录入信息与标准器检定证书是否一致。

（4）检查各温槽温度传递介质液位，是否需要添加或更换介质；把石英玻璃管插入低温槽或高温槽内插盘中间小孔，再将二等标准铂电阻放进石英玻璃管中。

（5）记录环境温度、相对湿度

（6）设定温度：打开低温恒温槽或高温恒温槽电源，根据所需按温槽的温度设置方法设定温度。打开制冷或制热开关，将搅拌旋钮扭到中间档位，使温场均匀。

2. 检定操作步骤

1）外观检查

符合 JJG 229—2010《工业铂、铜热电阻检定规程》规定。

2）绝缘电阻的测量

（1）常温绝缘电阻的测量：将热电阻的各接线端短路，并接到直流电压 100V 的兆欧表上一个接线端，兆欧表另一个接线端与热电阻的保护管连接，测量感温元件与保护管之间的绝缘电阻；有两个感温元件的热电阻，应将两热电阻的各接线端分别短路，并接到一个直流电压 100V 的兆欧表的两个接线端，测量感温元件之间的绝缘电阻。

（2）高温绝缘电阻的测量：热电阻应在最高工作温度保持 2h 后进行高温绝缘电阻的测量，测量方法与上述方法相同，所用兆欧表的直流电压不超过 10V。

3）插入铂电阻

将被检铂电阻插入低温恒温槽或高温恒温槽内插盘边缘大孔中，被检铂电阻应有足够的插入深度，尽量减少热损失，铂电阻与标准铂电阻在低温恒温槽或高温恒温槽中插入深度一致。

4）接线

（1）标准器接线：将1路信号线的1、3线接标准铂电阻的一组同名端；2、4线接标准铂电阻的另一组同名端，如图5-1所示。

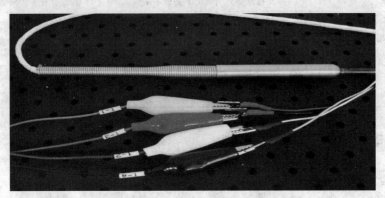

图5-1　标准铂电阻接线图

标准铂电阻温度计为四端电阻器，即从感温元件两端各引出两根引线，外引线末端焊接紫铜接线片，同端的两根引线称为同名端，通常采用相同色线箍。

（2）被检器接线：根据检定系统的接线要求分别接线。

①CST4001温度自动检定系统中，每路信号线有4根线，如图5-2所示。

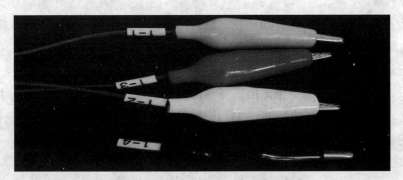

图5-2　CST4001温度自动检定系统信号线

对三线制需要两次接线，第一次接线：将2~11路信号线的1、3线接被检器B1端，2、4线接被检器的B2端，待软件采集完引线电阻值以后，根据软件提示的图示，进行第二次接线：将2~11路信号线的1、3线接被检器A端，2、4线接被检器B1或B2端，然后在软件上点确认，并记录被检器编号与其对应的通道号。

对二线制，将2~11路信号线的1、3线和2、4线分别接被检器的两个接线柱，并记录被检器编号与其对应的通道号。

对四线制，将2~11路信号线的1、3、2、4线分别接被检器的四个接线柱，并记录被检器编号与其对应的通道号。

②CST4001 温度自动检定系统升级版中，每路信号线有 5 根线，其中增加的咖啡色线为恒流线，串联在 3 线红色接线夹上，检定时给电阻提供一个 0.7mA 恒流电流，如图 5-3 所示。

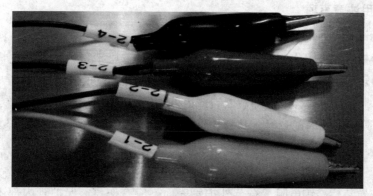

图 5-3　CST4001 温度自动检定系统升级版信号线

对三线制，将 2~11 路信号线的 2、4 线接被检器 A 端，1、3 线分别接被检器 B1、B2 端；并记录被检器编号与其对应的通道号。

对二线制，将 2~11 路信号线的 1、3 线和 2、4 线分别接被检器的两个接线柱，并记录被检器编号与其对应的通道号。

对四线制，将 2~11 路信号线的 1、3、2、4 线分别接被检器的四个接线柱，并记录被检器编号与其对应的通道号。

5）开标准装置

打开系统柜的总电源，然后从上到下打开测量表开关、多路扫描开关。

6）开计算机进入检定系统

打开计算机电源，点击桌面上"CST4001 温度自动检定系统"，输入用户名和密码，进入铂电阻检定系统。

7）通信测试

点击"设置（S）"菜单，进入系统参数设置，选择"通信设置"标签进行通信端口测试：测量表、巡检仪（点"C"进行通讯测试）。

8）检定

点击"检定"菜单，进入检定系统，选择被检器类型、温度、湿度等参数，再填写被检器信息，然后点击检定。

9）录取资料

检定完毕后，点"数据"菜单，将原始数据保存、打印并上传到自动化检定系统。

10）关机

退出检定系统，关闭计算机、从下至上关闭多路扫描开关、测量表开关及端子柜总电源、将低温及高温恒温槽搅拌旋钮扭回到档位"0"，关闭制冷或制热开关及电源。

11）检定判断

完善记录，判断热电阻是否合格。经检定合格的热电阻发给检定证书，经检定不合格的热电阻发给检定结果通知书。

3. 收尾工作

关闭排气扇开关，整理工具、用具，清洁温槽，清洁标准器并放回原位，清洁场地。

（二）使用注意事项

1. 二等标准铂电阻的使用注意事项

（1）二等标准铂电阻作为检定工业铂电阻标准器，属精密计量器具，极易损坏或出现数据漂移。分铠装和非铠装即金属外护管和石英外护管两种，在运输过程中都应避免剧烈震动和颠簸，以免导致标准器外观断裂或因外部应力导致铂电阻阻值超差，非铠装标准铂电阻的石英外护管及内部丝材尤其易碎易断。标准器送检、使用时，须轻拿轻放，妥善保管。送检后，应立即按以下方法检查：

①外观。

a. 对于非铠装标准铂电阻，石英外护管表面不应有伤痕，保护管内部不得有任何碎片，温度计感温元件的支撑骨架应完整无裂痕；温度计手柄和外护管之间应固定牢固。

b. 对于铠装标准铂电阻，金属保护管表面不应有明显凹坑或伤痕；温度计手柄和外护管之间应固定牢固；温度计外护管表面因出厂前高温退火后出现的黑色或深灰色，以及金属表面颜色不一致等现象属正常现象，不影响温度计的性能和使用。

②用万用表电阻档测温度计室温下的电阻值，以确定温度计感温元件是否出现短路或开路。

③对于铠装标准铂电阻，需要检查温度计金属外护管与温度计引线之间是否短路，如有短路现象，立即查找原因。

（2）标准器从温槽取出时易附着介质，取出后要保持标准器及石英玻璃管的清洁，避免取放时滑落；取放时防烫伤或冻伤。

2. 检定操作时的注意事项

（1）标准器要轻拿轻放。检定中，应先将石英玻璃管插入低温槽或高温槽内插盘中间小孔，再把标准器放进石英玻璃管中；放恒温槽时先放被检热电阻后插入标准器；取出时先取标准器，后取被检变送器，以避免碰撞挤压损坏标准器。

（2）恒温槽介质要加满，搅拌必须开启；水槽压缩机不允许频繁开关，要求等待5min以上再开；恒温水槽控制仪的温度设定范围为-10~100℃，恒温油槽控制仪的温度设定范围为100~300℃，设定值不要超过相应的温度范围；在水槽温度大于40℃时禁止开启压缩机；油槽设置温度不能超过闪点，应留有一定的余量。因疏忽未开启搅拌而造成恒温槽温场不均温度异常（如油槽冒烟等），应立即关闭恒温槽电源，等待温度恢复正常后再按操作步骤依次打开恒温槽电源开关、加热或制冷开关、将搅拌旋钮扭到中间档位，使温场均匀。

（3）多路扫描仪装置共有三种状态：自动清零、处于第 N（$1 \leq N \leq 40$）通道或全断状态。可直接用数字键和"确定"键设定通道值，设定过程中可用"退出"键退出设定状态。若设定值为0，仪器为"自动清零"状态，若设定值为"1~40"，仪表为"处于第 N（$1 \leq N \leq 40$）通道"状态，若设定值大于40，仪器处于"全断状态"。

3. 工业铂电阻现场使用注意事项

（1）现场使用的工业铂电阻，必须经过检定合格并在有效期内。

（2）根据测量范围、被测温场的气温和经济效益合理地选用铂电阻的规格和型号。用于天然气生产现场温度测量的温度仪表量程，应满足天然气温度变化在其等分刻度仪表满量程的 30%~70%。

（3）选择安装部位时，在有利于测温准确、安全可靠及拆装维修方便、不影响设备运行和生产操作前提下，为使热电阻的测量端与被测介质之间有充分的热交换，应合理选择测量点位置，尽量避免在阀门、弯头及管道和设备的死角附近装设热电阻；并且应避免与加热物体距离太近，接线盒处的温度不宜超过 100℃。

（4）铂电阻安装时，尽可能使铂电阻受热部分增长；尽可能垂直安装，以防在高温下弯曲变形。带有保护套管的铂电阻有传热和散热损失，为了减少测量误差，铂电阻应该有足够的插入深度，其插入深度不小于铂电阻保护管外径，对于测量管道中心流体温度的铂电阻，一般都应将其测量端插入管道中心处（垂直安装或倾斜安装）。用于流量测量的铂电阻，斜插时应逆气流，并于直管段管道轴线成 45°；温度计套管或插孔管应伸入管道至公称通经的大约 1/3 处，对于大口径管道（大于 300mm，温度计套管或插孔管会产生共振）深度计的设计插入深度应不小于 75mm。

（5）接线盒的出线孔应该向下，以防止因密封不良而使水汽、灰尘和脏污落入接线盒中。铂电阻与二次仪表间的连接导线可用绝缘导线（最好是加屏蔽的），其阻值必须满足二次仪表技术条件规定的数据，采用两线还是三线连接也必须根据二次仪表的要求而定，不能简化，否则将影响准确测温。若铂电阻在现场，而二次仪表在操作室内，两线制因传输导线过长受环境温度变化而使导线电阻值改变，产生附加误差，此时一般采用三线制接法。

（三）常见故障及处理

1. 铂电阻的故障判断

将铂电阻从保护管中抽出，用万用表测量其电阻。若万用表读数为"0"或者万用表读数小于 R_0 值，则该铂电阻已短路，必须找出短路处进行修复；若万用表读数为"∞"，则该铂电阻已断路，不能使用；若万用表读数比 R_0 的阻值偏高一些，说明该铂电阻是正常的。经修复的铂电阻，必须进行检定。经检定合格后，方能使用。

2. 铂电阻短路故障处理方法

铂电阻丝之间的绝缘是靠云母片锯齿隔开的。造成铂丝短路的原因是由于云母片锯齿损坏或铂丝松脱产生相碰，所以排除时只需用镊子将其分离即可。

3. 铂电阻阻值不准等故障的处理及注意事项

（1）用来测电阻体的仪器必须满足要求，并且仪器的工作电流不得大于 5mA。

（2）若电阻值不正确时，应从下部端点电阻丝交叉处增减电阻丝，而不能从其他处进行调整。

（3）完全调好后应将电阻丝排列整齐，仍按原样包扎好。

（4）焊接时不要把好的电阻丝都打开，以免折断。

（5）改变铂电阻长度时，只允许改变引线接线长度，不允许改变铂电阻的长度。

（6）凡处理后的铂电阻都必须经过检定，合格后才能使用。

4. 检定操作中简单故障及处理

铂电阻检定时常见故障及处理见表5-5。

表5-5　铂电阻检定时常见故障及处理

序号	故障现象	原因	排除方法
1	启动系统加热时，系统不升温	（1）系统设定的温度值没有写入控温仪	（1）检查该控温仪的通信是否正常
		（2）系统柜动力输出电源没有实际接到该恒温设备上	（2）检查该恒温设备接线是否正确
		（3）标准铂电阻未正确放入该恒温设备内	（3）检查标准器状态，同时检查控温仪的信号线是否接线正确
		（4）控温仪后面的空开没有打开	（4）检查并打开控温仪后面的空开
		（5）系统柜总动力输入没有给上电	（5）检查是否为总动力输入线没有接到墙壁电源端上，或墙壁电源端未给电
2	系统软件扫描各仪表串口时，扫描不到	（1）该串口线没接上或接触不良	（1）重新接线后，再次扫描
		（2）该仪表的通信位置不对	（2）查看仪表和软件的通信设置
		（3）串口卡硬件坏或驱动程序故障	（3）借用其他仪表通信线连接该仪表，排查串口卡的软硬件问题，硬件故障联系厂家，软件故障只需重新安装串口卡驱动程序
3	温度曲线稳定，系统不采数	检定条件设置的稳定时间太长	适当放宽检定条件
4	检定时，温度曲线乱跳	（1）标准传感器测试线未接好	（1）检查并正确连接标准传感器测试线
		（2）测量表和多路扫描装置的连接线错误	（2）确认测量表的测试插口前后切换键状态是否正确
5	验证通道后，某通道数据显示异常	（1）该通道的被检铂电阻接线错误或虚接	（1）检查被检铂电阻接线，重接
		（2）该被检传感器坏	（2）用万用表检查被检铂电阻，确认传感器好坏
6	检定时，电脑显示温度跳动大	标准铂电阻开路	检查标准铂电阻接线是否断开或电阻损坏，重新连接或更换新标准器
7	检定0℃时，电脑显示温度为-200℃或其他不正常的负温	（1）标准铂电阻接线错误	（1）重新正确接线
		（2）标准铂电阻短路	（2）查明短路原因，标准铂电阻内部短路更换新标准器，接线短路则重新接线
8	某一支或几支被检铂电阻的示值偏差大	（1）被检铂电阻插入温槽深度不够	（1）重新插放被检铂电阻
		（2）被检铂电阻各引线有虚接或短路现象	（2）重现接线

四、热电偶温度计

（一）检定操作程序

以 CST4001 温度自动检定系统装置为例进行介绍。

1. 准备工作

（1）打开排风扇开关，确保检定室内空气流通。

（2）准备工用具：标准装置、尖嘴钳、螺丝刀、钢卷尺、游标卡尺、绝缘耐火材料、记录表格、中性笔等。

（3）检查标准器是否完好、是否在有效期内。

（4）记录环境温度、相对湿度。

2. 检定操作步骤

1）外观检查

符合 JJG 351—1996《工业用廉金属热电偶检定规程》规定。

2）捆扎标准器

将标准热电偶放进石英管中，并将石英管与被检热电偶底部对齐，然后将石英管的底部和上半部与被检热电偶的底部和上半部分别捆扎在一起。

3）装炉

将被捆扎在一起的标准热电偶的石英管与被检器放入热偶检定炉的中央，不要接触检定炉壁。

4）装炉检查

检查石英管与被检热电偶是否在检定炉中央，同时检查标准器是否搁置在石英管底部，并用绝缘耐火材料（如玻璃纤维）将检定炉两端堵住。

5）开标准装置

打开系统柜的总电源，然后从上至下打开测量表开关、多路扫描开关和控温表开关。

6）开机

打开计算机电源，点击桌面上"CST4001 温度自动检定系统"，输入用户名和密码，进入热电偶检定系统。

7）接线

（1）标准接线：将 1 路信号线的 3 线接标准热电偶的正极；4 线接标准热电偶的负极，如图 5-4 所示。

图 5-4　标准热电偶接线图

（2）冷端接线：将 12 路信号线的 1、3 线分别接冷端铂电阻的两根红线，2、4 线分别接冷端铂电阻的两根绿线。（也可 1、3 线接绿线，2、4 线接红线）如图 5-5 所示。

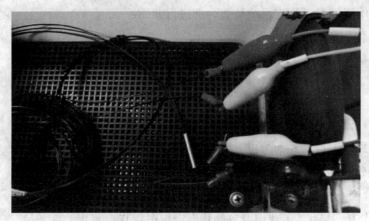

图 5-5　冷端接线图

（3）控制端接线：将检定炉控制线的红端接标准热电偶的正极，黑端接标准热电偶的负极，如图 5-6 所示。

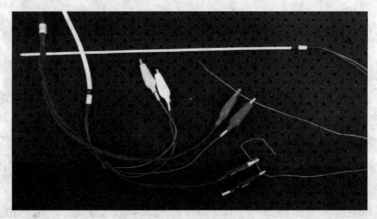

图 5-6　控制端接线图

（4）被检器接线：将 2～11 路信号线的 3 线接被检电偶的正极，4 线接被检电偶的负极，并记录被检器编号与其对应的通道号。所有线接完后，将接线放在冷端密封箱橡胶处再关闭冷端密封箱。

8）通信测试

点击"设置（S）"菜单，进入系统参数设置，选择"通信设置"标签进行通信端口测试：测量表、巡检仪、干体炉（点击"C"进行通信测试）。

9）检定

点击"检定"菜单，进入检定系统，选择被检器类型、温度、湿度等参数，再填写被检器信息，选择相应检定点后点击"检定"，系统自动升温并检定。

10）录取资料

检定完毕后，点"数据"菜单，将原始数据保存、打印并上传到自动化检定系统。

11）关机

所有仪表检定完毕后，退出检定系统，关闭计算机，从下至上关闭温控表、多路扫描、测量表开关及端子柜总电源。

12）取出被检热电偶

自动检定系统关闭检定炉电源即断开，用尖嘴钳取出检定炉两端绝缘耐火材料，待炉温降至常温时断开被检热电偶连接线，取出被检热电偶。

13）检定结果判断

完善记录，判断热电偶是否合格。经检定合格的热电偶发给检定证书，经检定不合格的热电偶发给检定结果通知书。

3. 收尾工作

整理工具、用具，清洁标准器并放回原位，清洁场地。

（二）使用注意事项

1. 检定操作中的注意事项

（1）标准热电偶要轻拿轻放，防止根部断裂。

（2）被检热电偶检定前要把电极拉直。电极弯曲、折叠、扭曲等塑形变形会在热电偶中引起应力，以致改变材料的热电特性。

（3）被检热电偶电极较脏时，可以用 0 号砂纸清除污垢和氧化皮，为避免标准热电偶热电极被玷污，标准热电偶必须套上保护管，应采用壁薄和直径小的石英或刚玉保护管，可减少热惯性和导热损失。

（4）被检热电偶和标准热电偶捆扎时用细镍络丝捆扎成束。其直径不大于 20mm，测量端应露出绝缘管约 10mm，并与标准热电偶处于同一截面上。

（5）被检热电偶装入检定炉前应套上绝缘管，廉金属热电偶可套绝缘瓷珠，绝缘管直径不宜过粗，以减小其热惯性和热损失。穿好绝缘管后，为避免热电级直接短路、污染和损伤，应在其外端露除部分套上绝缘塑料管。

（6）标准器热电偶绝对不能短路，如果短路可能引起检定炉炉丝烧断。

（7）标准器和被检热电偶要插到中心有效温场。检定炉的温场要保证均匀和稳定，符合检定要求。装炉后，炉口要用石棉或其他绝缘材料紧密封闭，并保证绝缘材料不能进入炉腔。在检定过程中必须严格安装规定控制炉温。

（8）使用自动冷端补偿方式时，要保证冷端在同一温度区域，如果被检热偶太短，必须使用补偿导线进行延长。

（9）多路扫描仪装置共有三种状态：自动清零、处于第 N（$1 \leqslant N \leqslant 40$）通道或全断状态。可直接用数字键和"确定"键设定通道值，设定过程中可用"退出"键退出设定状态。若设定值为 0，仪器为"自动清零"状态，若设定值为"1~40"，仪表为"处于第 N（$1 \leqslant N \leqslant 40$）通道"状态，若设定值大于 40，仪器处于"全断状态"。

2. 热电偶现场安装注意事项

热电偶的现场安装是否正确合理，对测量结果有着重要影响。通常要求尽量做到测量准确、安全可靠、维修方便。安装时应注意：

（1）热电偶现场安装应根据测量的范围与对象，合理选择适当的型号、规格及保护管材料；用于天然气生产现场温度测量的温度仪表量程，应满足天然气温度变化在其等分刻度仪表满量程的 30%~70%。

（2）选择合适的参考端温度补偿方法和所需要的材料，如补偿导线和参考端温度补偿器等。

（3）热电偶的测量端应处于能够真正代表被测介质温度的地方。

（4）热电偶的测量端应有足够的插入深度，一般最小不小于热电偶保护套外径的 8~10 倍。

（5）为防止热损失，热电偶保护管露在设备外部应尽可能短，并加保温层。

（6）若被测介质具有负压或为有害气体时，热电偶安装必须严格密封，以免外界冷空气进入影响测量的准确性，或有害气体溢出污染空气。

（7）热电偶的安装地点，应尽量避开其他热源、强磁场、电场的，防止外来干扰。

（8）热电偶安装位置应尽量保持垂直、防止保护管在高温下产生变形。

（9）热电偶不应装在太靠近炉门和加热的地方。

（10）热电偶不能安装在被测介质很少流动的区域内。

（11）按照接线图将热电偶或热电阻的接线盒接好线，并与表盘上相对应的显示仪表连接。注意接线盒不可与被测介质管道的管壁相接触。保证接线盒内的温度不超过 0~100℃范围。接线盒的出线孔应朝下安装，以防因密封不良，水汽灰尘等沉积造成接线端子短路。

3. 热电偶现场测温注意事项

正确使用热电偶是减少测量误差方法之一，因此热电偶在现场测量中应注意：

（1）选择热电势率合适的热电偶。由于热电偶的热电势率在不同温度范围是不同的，而制作热电偶分度表是却是以热电势率的平均值计算的。因而计算误差与所取范围的大小成正比。

（2）正确使用热电偶的不确定度。由于热电偶给定的不确定度是在实验室条件下经精密检定得出来的，而在实际工作中，热电偶的使用条件往往比实验室差，甚至比较恶劣，因此，在现场使用中的热电偶不能达到原来给定的不确定度。

（3）必须根据使用条件合理选择热电偶。热电偶的性能会随使用条件（如温度、接触材料和机械作用等）发生变化。使用温度应低于热电极材料熔点以下几十至几百度，这样才能保证热电偶的热电特性的稳定。

热电偶在不同环境条件下会加快化学反应和扩散过程。因此，对不同材质的热电偶应有一个合适的使用环境，或用保护管将热电偶与有害气氛隔开，或通入保护气体，以获得正确的测量结果。

热电偶与其接触的材料（如绝缘材料、保护管等）必须有相容性。否则会使热电偶变质、漏电、产生较大的测量误差。

（4）正确选择补偿导线。各种补偿导线只能与相应型号的热电偶配用，否则不仅不能起到补偿导线的作用，反而会增加测量误差。

（5）使用补偿导线时，切勿将其极性接反，否则不仅不能补偿反而会造成更大的误差。

（6）热电偶测量端开路使用时，一对热电偶的测量端两接点要处在相同温度上，否则两接点的温度差越大测量误差就越大。

（7）热电偶在强电磁干扰下工作时，需将测量端接地。接地材料应与热电偶中的一个电极材质相同，以免造成测量端成分变化。

（8）采用动圈式仪表与热电偶相接时，热电偶电路的总电阻值应与动圈式仪表的外接电阻相符。

（三）常见故障及处理

由于热电偶在现场使用时是与显示仪表组成一个测量系统工作的，而故障发生又往往从显示仪表的指示不正常开始，所以在检查故障时，应从热电偶线路和显示仪表两方面着手进行。热电偶常见故障及处理见表5-6。

表5-6　热电偶常见故障及处理

序号	故障现象	原因	排除方法
1	热电偶无电势输出	（1）测量线路（热电偶和补偿导线）有短路的地方	（1）查找并将短路处重新绝缘或更换新的
		（2）测量回路有断线处	（2）用万用表分段检查出断线处，重新连接
		（3）连线处松动或连接螺钉完全锈蚀	（3）拧紧接线柱或更换螺钉
		（4）热电偶烧断	（4）重新焊接或更换新热电偶
2	热电偶热电势输出不稳定	（1）热电偶或测量回路（补偿导线、连接导线）绝缘被破坏，引起时断时续短路或接地现象	（1）查找出故障点，修复绝缘
		（2）接线盒里接线柱与热电级接触不良，或接线柱、热电极的参考端上有锈斑、灰尘等脏物	（2）将接线柱和热电级参考端擦净，重新拧紧
		（3）热电偶安装不牢或外部有震动	（3）将热电偶重新安装牢固或采取减振措施
		（4）热电级或测量端将断未断或有断续连接现象	（4）断点如在测量端或离测量端较近的热电级上，需剪掉断点部位，重新焊接；断点如在离测量端较远或热电级中间，需要更换新热电偶
		（5）有外界干扰	（5）检查干扰源，进行排除（屏蔽或接地）

序号	故障现象	原因	排除方法
3	热电偶热电势输出偏低	（1）热电偶内局部短路，造成漏电	（1）将热电偶热电极从保护管中取出，检查漏电原因，如因绝缘材料绝缘不良造成，更换绝缘材料
		（2）热电偶内部受潮	（2）将热电偶热电级从保护管中取出，分别将热电级和保护管烘干；并检查保护管是否有漏气、漏水等现象，更换不合格的保护管
		（3）热电偶保护管表面太脏	（3）拆下热电偶，清除保护管外面的脏物
		（4）热电偶回路电阻过大	（4）调整减小电阻，使回路电阻满足要求
		（5）热电偶分度号与所配的测量仪表分度号不一致	（5）更换热电偶及补偿导线或测量仪表，使它们的分度号一致
		（6）热电偶参考端温度过高或两接点温度不同	（6）按参考端补偿办法准确地对参考端温度进行补偿
		（7）热电偶安装位置不当或插入深度不够	（7）改变热电偶安装方法或位置，增加热电偶的插入深度
		（8）热电偶接线盒内接线柱局部短路	（8）打开接线盒，清洁接线柱，消除造成短路的原因，盖紧接线盒
		（9）热电级腐蚀或变质	（9）若是部分热电级腐蚀变质，且腐蚀变质部分离测量端较近，只需把变质部分剪去，重新焊接；若是整个热电级均腐蚀变质或腐蚀变质的部分较长，应更换热电偶
		（10）补偿导线局部短路	（10）查找并将局部短路处重新绝缘或更换补偿导线
		（11）补偿导线与热电偶分度号不相配	（11）更换成与热电偶分度号相同的补偿导线
		（12）补偿导线与热电偶极性相反	（12）重新连接，补偿导线正极接热电偶正极，负极接热电偶负极
4	热电偶热电势输出偏高	（1）热电级变质	（1）更换热电级
		（2）补偿导线与热电偶型号不符	（2）更换补偿导线
		（3）热电偶安装方法、位置或插入深度不够	（3）按正确方法重新安装热电偶
		（4）绝缘破坏造成外部电源进入热电偶测量回路	（4）修复或更换绝缘材料
		（5）有干扰信号进入测量回路	（5）检查干扰源进行排除
		（6）补偿导线与热电级两接点出温度偏高（测量负温时）	（6）调整参考温度或进行补偿
		（7）补偿导线与热电级两接点出温度不同	（7）延长补偿导线，使两接点温度相同

序号	故障现象	原因	排除方法
5	热电偶热电势误差大	（1）热电极变质	（1）更换热电级
		（2）热电偶的安装位置不当	（2）改变安装位置
		（3）热电偶感温元件保护管积灰	（3）清除灰尘
6	首次使用时热电势过低或过高	热电级焊接后未经热处理	热处理或使用一段时间后即可稳定

五、温度变送器

（一）温度变送器（一体化）检定操作程序

1. 准备检查

（1）打开空气开关，确保室内空气流通。

（2）准备工用具：螺丝刀、万用表、记录表格、中性笔等。

（3）将校准所需的标准器摆放在工作位置，将变送器通电预热不少于15min，具有参考端温度自动补偿的变送器为30min。

（4）记录环境温度、相对湿度。

2. 检定操作

1）外观检查

符合 JJF 1183—2007《温度变送器校准规程》规定。

（1）温度变送器的外壳及外露部件表面、面板及铭牌均应光洁完好，使用中的变送器不得有严重的剥落及损伤等影响计量性能的缺陷。

（2）铭牌应标明制造厂名或厂标、变送器名称、型号、编号、制造年月。专用型变送器还应标明测量范围、准确度等级及配用传感器分度号。

（3）接线端子板应有接线标志。

（4）紧固件不得有松动现象，可动部分灵活可靠。

2）测量绝缘电阻

将热电阻各个接线端子相互短路，并接至直流电压100V的兆欧表的一个接线柱上，兆欧表另一个接线柱的导线紧夹于热电阻的保护管上，测出热电阻与保护管之间的绝缘电阻，测量时稳定5s后读数。

3）校准点的选择

按量程均匀分布，一般应包括上限值、下限值和量程50%附近在内不少于5个点；0.2级及以上等级的变送器应不少于7个点。

4）下限温度的校准

（1）设置低温槽温度：打开低温槽电源，必要时进行温度修正。设定下限温度，打开制冷/制热开关，将搅拌旋钮扭到中间档位，使温场均匀。

（2）将二等标准水银温度计和被检温度变送器垂直插入低温槽内，距离槽壁不小于 20mm。

(3) 被检器接线：根据温度变送器的制式，将数字多用表电源输出端连接被检器电源输入端，将被检信号输出端连接数字多用表的信号输入端。

(4) 测量：待温槽温度达到设定温度，且标准和被检温度计示值稳定后测量。应对每支温度变送器依次接线，并对标准温度计示值和变送器输出值进行反复 6 次读数，记录读数。

5）其他点及上限点温度的校准

(1) 设置校准温度：关闭制冷开关，将搅拌旋钮旋转到 0（关闭）。根据所需设定校准温度。打开制热开关，将搅拌旋钮扭到中间档位。

(2) 测量：待温槽温度达到设定温度，且标准和被检温度计示值稳定后测量。应对每支温度变送器依次接线，并对标准温度计示值和变送器输出值进行反复 6 次读数，记录读数。

6）关闭温槽

关闭制冷（热）开关，将搅拌旋钮旋转到 0（关闭），关闭电源。

7）取出标准和被检

待温槽冷却至室温后取出二等标准温度计和被检温度变送器。

8）数据处理

将每个校准点每次标准器读数按照 JJF 1183—2007 校准规程 6.2.1.2 公式（1）计算测量误差，取误差最大值作为基本误差。

9）校准判断

完善记录，判断温度变送器是否合格。经校准合格的温度变送器发给校准证书，经校准不合格的温度变送器发给校准结果通知书。

3. 收尾工作

整理工、用具，清洁温槽，清洁标准器并放回原位，清洁场地。

（二）温度变送器（模块）检定操作程序

1. 准备检查

(1) 许可指令及提示风险、应急处置、操作要点。

(2) 准备工用具：螺丝刀、万用表、记录表格、中性笔等。

(3) 将校准所需的标准器摆放在工作位置，将变送器预热不少于 15min。

(4) 记录环境温度、相对湿度。

2. 检定操作

1）外观检查

(1) 温度变送器的外壳及外露部件表面、面板及铭牌均应光洁完好，使用中的变送器不得有严重的剥落及损伤等影响计量性能的缺陷。

(2) 铭牌应标明制造厂名或厂标、变送器名称、型号、编号、制造年月。专用型变送器还应标明测量范围、准确度等级及配用传感器分度号。

(3) 接线端子板应有接线标志。

120

（4）紧固件不得有松动现象，可动部分灵活可靠。

2）校准前调整（需用户委托）

改变输入信号，对相应下限值与上限值进行调整，使其与理论值相一致。对于输入量程可调的变送器，应在校准前根据委托者的要求将输入规格及量程调到规定值再进行上述调整。

3）校准点选择

按量程均匀分布，一般应包括上限值、下限值和量程 50% 附近在内不少于 5 个点；0.2 级及以上等级的变送器应不少于 7 个点。

4）接线

按检定接线图将直流电阻箱（热电阻输入）或标准直流电压源（热电偶输入）与变送器的信号输出端连接，将数字多用表与变送器的电源端连接。

5）测量

按选择的校准点，从下限开始平稳输入各被校点对应的信号值，读取并记录输出值至上限；然后反方向平稳改变输入信号依次到各个被校点，读取并记录输出值直至下限。如此为一个循环，须进行三个循环的测量。在接近被校点时，输入信号应足够慢，以避免过冲。

6）测量绝缘电阻

断开变送器电源，用输出为直流电压 500V 的绝缘电阻表，按照 JJF 1183—2007 校准规范表 2 规定的部位进行测量，测量时稳定 5s 后读数。

7）测量绝缘强度（针对新制造）

断开变送器电源，按 JJF 1183—2007 校准规范表 3 的规定将各对接线端子依次接入耐压试验仪两极上，缓慢平稳地升至规定的电压值，保持 1min，观察是否有击穿和飞弧现象。然后将电压缓慢平稳降至零。

8）数据处理

按 JJF 1183—2007 校准规范要求进行误差计算。

9）出具校准证书或校准报告

完善记录，按照 JJF 1183—2007 校准规范要求出具校准证书或校准报告。

3. 收尾工作

整理工具、用具，清洁标准器并放回原位，清洁场地。

（三）使用注意事项

1. 温度变送器检定调校时的注意事项

调校时必须在通电预热 15min 后才能开始调校，接线时要注意极性；调校中以缓慢的速度输入信号，在调整电位器是不能用力过猛，防止拧坏。

2. 现场安装使用的注意事项

（1）现场所用的温度变送器必须是经检定合格并在有效期内；用于天然气生产现场温度测量的温度仪表量程，应满足天然气温度变化在其等分刻度仪表满量程的30%~70%。

（2）同型号的仪表按说明书接线。

①对于有安全火花回路的防爆仪表，一定要认真仔细检查是否有短接或错接现象。

②本安型仪表不能安装在危险区内（作为传感器的热电偶、热电阻可以安装在危险区内）。

③安全火花回路的接线（输入信号线）必须有绝缘套或屏蔽的导线，并且与非安全火花回路的接线（电源和输出信号线）相互隔离，以避免互相混触。

④安全火花回路的接线从上面布线，非安全火花回路的接线从下面布线；把电源电极接正确。

（3）铂电阻温度变送器输入为三线制，三条导线的电阻应相等，并且处于同一环境温度内。

（4）安装前，检查配件是否齐全，紧固件有无松动；安装时注意轻拿轻放，切勿敲、摔；安装后，加电后禁止非操作人员打开前盖。

3. 防爆型温度变送器使用的注意事项

对于防爆仪表原则上不允许拆卸安全火花回路的元件和调换仪表的接线，如有需要，应注意以下几点：

（1）在定期检查时，应尽可能调节零点电位器和量程电位器，不要卸掉安全火花接线。进行其他项目例行检查时，应将输入线断开。

（2）为保证安全火花特性，不能使用更换下来的元件，应更换成相同规格的元件。

（3）当仪表出现故障时，应立刻取下电源熔断丝，然后拆开输入线检查端子间绝缘，如绝缘良好，再检查故障，以免造成短路。

（四）常见故障及处理

温度变送器常见故障及处理见表5-7。

表5-7　温度变送器常见故障及处理

序号	故障现象	原因	排除方法
1	变送器无输出	（1）变送器电源是否接反	（1）按正确方法接
		（2）变送器的供电电源不符合要求	（2）测量变送器的供电电源，是否有24VDC，必须保证供给变送器的电源电压≥12V（即变送器电源输入端电压≥12V）
		（3）变送器无供电电源	（3）检查回路是否断线、检测仪表是否选取错误（输入阻抗≤250Ω）
		（4）一体化带表头的变送器表头坏	（4）检查表头，更换损坏表头
		（5）回路电流异常	（5）将电流表串入24V电源回路中，检查电流是否正常并处理
2	变送器输出超差	（1）变送器电源不正常	（1）检查变送器电源是否正常，如果<12VDC，则应检查回路中是否有大的负载，变送器负载的输入阻抗应符合 $RL ≤$（变送器供电电压-12V）/（0.02A）Ω
		（2）热电阻（或热电偶）与外壳绝缘是否达到要求	（2）修复绝缘或更换外壳

第三节　辅助测量仪表

一、信号隔离器（安全栅）

（一）检定操作程序

1. 检查及准备工作

（1）准备工用具及材料：24V 稳压电源、250Ω 标准电阻、兆欧表、连接线、螺丝刀、记录表格、笔、合格证等。

（2）准备标准器具：过程压力效验仪（标准信号发生器、5 位半数字繁用表等）。

（3）调试标准设备状态及位置。

（4）记录环境温度、湿度。

2. 检定操作步骤

（1）进入仪表检定状态：操作计算机，使相关回路进入仪表校验状态。

（2）连接校验线路：连接线路时需注意各接线端子正负极线路。

（3）外观检查：铭牌标志齐全完好，紧固件无松动、损坏现象，可动部件灵活可靠。

（4）示值误差检定：依照检定规程检定。

（5）回程误差检定：各测量点的最大回程误差不得大于测量准确度。

（6）绝缘电阻的测试：输入、输出、电源短接对地电阻大于 100MΩ。

（7）拆卸校验线路：在拆卸被检仪表及标准器具时，须切断全部电源后方能进行，同时确认连接回路是否正确。

（8）检定判断：完善记录，判断是否合格；经检定合格的出具合格证，并出具检定证书，经调校不合格的出具检定结果通知书，并更换。

（9）线路、管路连接：正确恢复回路的线路连接。

（10）恢复系统至正常状态：操作计算机，使相关回路进入正常计量状态。

（11）对比检定前、后示值：与检查前示值作比较，发现异常立即处理。

3. 收尾工作

整理工具、用具，清洁标准器并放回原位，清洁场地。

（二）使用注意事项

（1）仪表使用前仔细阅读相关使用说明书，确认其输入/输出、供电电源完全符合现场安装要求。

（2）仪表使用前，应对该仪表的基本性能进行核对，确信仪表工作正常后方可投入使用，特别是负载应符合隔离器的技术要求。

（3）仪表上电之前，确认输入输出信号是否连接正确，所有的可拔插部件必须正确安装或固定锁紧，特别是供电电源应符合要求，以免造成仪表损坏。

（4）仪表正常工作期间，除该产品允许的带电操作之外，禁止其他的所有操作。

（5）定期检查仪表信号连接线，确保无松、断、脱的现象。

（6）定期检查仪表的基本误差。当仪表输出信号基本误差不满足准确度要求时，应及时校准或维修更换。若仪表需要校准或更换时，需按相关操作规程断开与之相关的连锁控制及供电电源，然后按产品说明书的要求校准或更换。

（三）常见故障及处理

信号隔离器常见故障及处理见表 5-8。

表 5-8　信号隔离器常见故障现象及处理方法

故障现象	原因	排除方法
无信号输出	（1）隔离器无信号输入	（1）检查信号输入源、隔离器型号与输入部分是否匹配
	（2）隔离器无工作电源	（2）检查设备供电部分，检查隔离器型号与输出部分是否匹配

二、计量系统回路校验

（一）校验操作程序

1. 检查及准备工作

（1）准备工用具及材料：压力发生器、24V 稳压电源、250Ω 标准电阻、兆欧表、连接线、螺丝刀、记录表格、笔、合格证等。

（2）准备标准器具：数字精密压力表、过程压力效验仪（直流数字电压表、标准直流电压信号源、活塞式压力计或数字压力信号发生器等）。

（3）调试标准设备状态及位置。

（4）记录环境温度、湿度。

2. 校验操作步骤

（1）进入仪表校验状态：操作计算机，使相关回路进入仪表校验状态。

（2）关闭压力、差压变送器取压阀：观察变送器表头示值变化，判断导压系统是否泄漏。如有泄漏，应查明泄漏原因并进行处理。

（3）泄压、吹扫导压管：操作应平稳、缓慢，确保泄压完全，引压系统无积液、堵塞。

（4）连接标准器进行压力回路联校：标准器与被检压力变送器进行连接。

（5）外观检查：依据 Q/SY XN 0133—2001《天然气孔板流量计算机系统校验方法》规程要求进行检查。

（6）通道信号转换误差校验：依据 Q/SY XN 0133—2001 规程要求进行校验。

（7）拆卸：确认完全泄压后拆卸。

（8）连接标准器进行差压回路联校：标准器与被检差压变送器进行连接。

（9）外观检查：依据 Q/SY XN 0133—2001 规程要求进行检查。

（10）通道信号转换误差校验：依据 Q/SY XN 0133—2001 规程要求进行检定。

（11）拆卸校验管路：确认完全泄压后拆卸。

（12）连接标准器进行温度回路联校：标准器与被检温度变送器进行连接。

（13）外观检查：依据 Q/SY XN 0133—2001 规程要求进行检查。

（14）通道信号转换误差校验：依据 Q/SY XN 0133—2001 规程要求进行检定。

（15）流量计量回路合成误差校验：依据 Q/SY XN 0133—2001 规程要求进行校验。

（16）拆卸校验管路：拆卸被检仪表及标准器具时，应避免电源正负极短路。

（17）校验判断：完善记录，判断是否合格。经检定合格的出具合格证，并出具检定证书，经调校不合格的出具检定结果通知书，并更换。

（18）线路、管路连接进行恢复：正确恢复各回路的线路、管路。

（19）引压、验漏：操作压力变送器取压阀应缓慢，阀应全开。验漏部位包括所有操作拆卸点及活动部位，如有泄漏，应及时检查并处理。

（20）恢复计量系统至正常计量状态：操作计算机，使相关回路进入正常计量状态。

（21）对比校验前、后示值：与检查前示值作比较，发现异常立即处理。

3. 收尾工作

整理工具、用具，清洁标准器并放回原位，清洁场地。

（二）常见故障及处理

计量系统回路联校常见故障及处理见表 5-9。

表 5-9　计量系统回路联校常见故障及处理

序号	故障现象	原因	排除方法
1	计算机上差压、静压、温度均无电流显示并且差压、压力变送器也无显示	（1）24V 直流总电源开关未合上或过载保护	（1）检查 24V 直流总电源开关
		（2）24V 直流供电总传输导线存在开路或端子虚接	（2）检查供电总传输导线、紧固虚接端子
		（3）直流稳压电源损坏	（3）更换直流稳压电源
		（4）所有避雷器被雷电击毁	（4）更换被雷电击毁的避雷器
2	计算机上差压无电流显示，且差压变送器表头也无显示，而静压、温度均显示正常	（1）差压配电器直流电源开关未合上或损坏	（1）检查配电器电源开关
		（2）差压配电器供电传输导线存在开路或接线端子虚接	（2）检查供电传输导线、紧固虚接端子
		（3）差压配电器损坏	（3）更换差压配电器
		（4）配电器与变送器之间的传输导线存在开路或端子虚接	（4）检查信号传输导线，紧固虚接端子
		（5）避雷器被雷电击毁或避雷器进出接线端子存在虚接	（5）更换避雷器，紧固虚接端子
		（6）变送器损坏	（6）更换差压变送器

序号	故障现象	原因	排除方法
3	计算机上静压无电流显示，静压变送器表头也无显示，而差压、温度均显示正常	（1）静压配电器直流电源开关未合上或损坏	（1）检查配电器电源开关
		（2）静压配电器供电传输导线存在开路或端子虚接	（2）检查供电传输导线，紧固虚接端子
		（3）静压配电器损坏	（3）更换静压配电器
		（4）配电器与变送器之间的信号传输导线存在开路或端子虚接	（4）检查信号传输导线，紧固虚接端子
		（5）避雷器被雷电击毁或进、出接线端子虚接	（5）更换避雷器，紧固虚接端子
		（6）变送器损坏	（6）更换静压变送器
4	计算机上差压、静压、温度均无电流显示（0.000mA，正常时为4.000mA±0.5%），而差压、压力变送器却显示正常	（1）通信及数据采集模块直流电源开关未合上或损坏	（1）检查数据采集模块电源开关
		（2）通信及数据采集模块供电传输导线存在开路或端子存在虚接	（2）检查供电传输导线，紧固虚接端子
		（3）通信模块与数据采集模块之间的信号传输导线存在开路或虚接	（3）检查信号传输导线，紧固虚接端子
		（4）通信模块与计算机之间的信号传输导线存在开路或虚接	
5	计算机上温度显示异常，而差压、静压均显示正常	（1）温度变送器供电电源开关未合上或损坏	（1）检查温度变送器电源开关
		（2）温度变送器供电传输导线存在开路或端子存在虚接	（2）检查供电传输导线，紧固虚接端子
		（3）温度变送器损坏并造成短路	（3）更换温度变送器
		（4）温度变送器与铂电阻的传输信号线或端子之间存在短路	（4）检查信号传输导线，紧固虚接端子
		（5）铂电阻或避雷器损坏并造成短路	（5）更换铂电阻或避雷器
		（6）温度变送器通信与数据采集模块7017之间的信号传输线存在开路、短路或虚接	（6）检查信号传输导线，紧固虚接端子
6	温度电流显示异常，而差压、静压均显示正常	（1）温度变送器与铂电阻之间的传输信号线存在开路或端子虚接	（1）检查信号传输导线，紧固虚接端子
		（2）铂电阻或避雷器损坏并造成开路，或接线端子虚接	（2）更换铂电阻或避雷器，紧固虚接端子
		（3）补偿导线开路或端子虚接	（3）检查补偿导线，紧固虚接端子

第四节　流量测量仪表

一、标准孔板流量计

（一）检定操作程序

1. 角接取压节流装置

1）外观检查

用目测检查，应满足以下要求：

（1）节流装置外表明显部位应有流向标志、铭牌。铭牌上应注明制造厂名、产品名称及型号，制造日期及编号，公称通径，工作压力，计量管径 D_{20} 的数值以及 CMC 标志。

（2）节流装置各部位不应有明显的毛刺和影响计量的损伤。

（3）在自由状态下，各装配部位不得有明显的径向位移。

（4）上下游直管段目测应是直的。

（5）上下游直管段内壁应是洁净的，并且不得有突出的焊瘤、焊疤、毛刺等。

2）孔板夹持器的检定

用分度值为 0.02mm 游标卡尺和钢板尺测量，应满足以下要求：

（1）前环室长度和后环室长度不得大于 0.5D。

（2）夹紧环内径（环室）必须不小于测量管直径 D，以保证夹紧环不至于突入测量管内。前后环室开孔直径在 $1D \sim 1.04D$ 之间。

（3）环隙厚度 f 应不小于环隙宽度 a 的两倍。

（4）环腔的横截面积（h×g）应不小于此环隙与管道内部连通的开孔总面积的一半。

（5）间断环隙面积不得小于 12mm。

（6）环隙宽度 a 应符合下列规定：

当 $\beta \leq 0.65$ 时，$0.005D \leq a \leq 0.03D$；

当 $\beta > 0.65$ 时，$0.01D \leq a \leq 0.02D$；

对任意 β 值，其实际尺寸应为：$1mm \leq a \leq 10mm$。

（7）环腔与导压管之间的取压孔长度不小于 2.5 倍取压孔直径。

（8）取压孔应为圆形，其边缘应与管壁内表面平齐，不允许有毛边或卷边，并尽可能锐利。取压孔直径应在 $4 \sim 10mm$ 之间。

（9）夹紧环的内壁应是清洁的，并有良好的表面粗糙度。

3）测量管圆度的检查

用内径百分表测量，应满足以下要求：

（1）在夹紧环前缘 0D、0.5D 以及 $0D \sim 0.5D$ 之间的上游直管段上取 3 个与管道轴线垂直的截面，在每个截面上以大致相等的角距取 4 个内的单测值，共得 12 个单测值，并求其算术平均值。任一单测值与平均值比较，其偏差不得超过 $\pm 0.3\%D$。

（2）在夹紧环前缘 $0D \sim 2D$ 之间的下游直管段与管道轴线垂直的 1 个截面，在此截面上以大致相等的角距取 4 个内径的单测值,并求其算术平均值。任一单测值与平均值比较,其偏差不得超过 $\pm 3\%D$。

2. 法兰取压节流装置

1)外观检查

用目测检查,应满足以下要求:

(1)节流装置外表明显部位应有流向标志,还应有铭牌。铭牌上应注明制造厂名,产品名称及型号,制造日期及编号,公称通径,工作压力,计量管径 D_{20} 的数值以及 CMC 标志。

(2)节流装置各部位不应有明显的毛刺和影响计量的损伤。

(3)在自由状态下,各装配部位不得有明显的径向位移。

(4)上下游直管段目测应是直的。

(5)上下游直管段内壁应是洁净的,并且不得有突出的焊瘤、焊疤、毛刺等。

2)取压装置的检定

用钢板尺测量,应满足以下要求:

(1)上、下游取压孔的轴线分别距孔板端面距离:当 $D<150\text{mm}$ 时,应在 $25.4\text{mm}\pm0.5\text{mm}$ 之间。

(2)上、下游取压孔的轴线分别距孔板端面距离:当 $150\text{mm}\leqslant D\leqslant1000\text{mm}$ 时,应在 $25.4\text{mm}\pm1\text{mm}$ 之间。

(3)目测取压孔的轴线应与测量管轴线相交,并与其成直角。

(4)从测量管内壁量起,在至少 2.5 倍取压孔直径的长度范围内,目测取压孔应为圆形,其边缘应与管壁内表面平齐,不允许有毛边或卷边,并尽可能锐利。

(5)取压孔直径应小于 $0.13D$,同时小于 13mm。

3)测量管圆度检查

用内径百分表测量,应满足以下要求:

(1)在离孔板上游端面 $0D$、$0.5D$ 以及 $0D\sim0.5D$ 之间的上游直管段上取 3 个与管道轴线垂直的截面,在每个截面上以大致相等的角距取 4 个内径的单测值,共得 12 个单测值,并求其算术平均值。任一单测值与平均值比较,其偏差不得超过 $\pm0.3\%D$。

(2)在离孔板上游端面 $0D\sim2D$ 之间的下游直管段与管道轴线垂直的一个截面,在此截面上以大致相等的角距取 4 个内径的单测值,并求其算术平均值。任一单测值与平均值比较,其偏差不得超过 $\pm3\%D$。

3. 孔板流量计计量系统的在线核查

1)二次仪表及计算方法核查

(1)核查总体技术要求。核查系统准确度应与在用天然气流量计算机计量系统相当或更高。核查系统软件计算不确定度需不大于 0.05%。该指标包含流量计算机上位机、下位机、流量计算软件、现场仪表(压力、差压、温度)、A/D 转换、安全隔离组件等部分的总不确定度应不大于 0.5%。

（2）核查技术要求。二次仪表系统各通道的核查应遵循 Q/SY XN 0133—2001《天然气孔板流量计算机系统校验方法》的相关规定，分别核查压力（包括大气压）、差压、温度是否在允许误差范围内。流量计算核查应遵循 JJG1003《流量积算仪》的相关规定，核查标准瞬时流量和标准累积流量是否在允许误差范围内。

2）比对流量计核查

可采用核查流量计的方法来对孔板流量计的现场测量性能进行监测。核查流量计和孔板流量计串联安装，可以是永久串联安装或短期串联安装，安装方式应使两台流量计间无相互影响。通过对每台流量计的输出和关键参数进行监测和比较，来确定两台流量计之间的一致性。推荐使用工作原理不同的流量计作为核查流量计。

不论核查流量计是永久还是短期使用，应在计量系统投运前就确定两台流量计之间的工况体积流量或标准参比条件下体积流量差异的控制限，并且在操作中定期检查两台流量计的差异。如果这些差异超过了控制限，那么应首先检查单个流量计是否出现故障，或者是否有外界因素对流量计的测量性能产生了影响。

（二）常见故障及处理

高级孔板阀常见故障及处理见表 5-10。

表 5-10　高级孔板阀常见故障及处理

序号	常见故障	排除方法
1	杂质划伤滑阀密封面产生的内漏	（1）轻微渗漏，从注脂嘴处加注密封脂，在启闭滑阀 4~8 次即可排除
		（2）严重内漏，停输分解检查，如机件损坏必须更换
2	启闭滑阀或升降孔板跳齿	（1）保持上下腔压力平衡，缓慢正、反向旋转齿轮轴至齿轮啮合正常
		（2）齿轮啮合卡死，应停输分解检查，如机件损坏必须更换
3	滑阀不能关闭	（1）若滑阀跳齿不能关闭，按本表序号 2 方法排除
		（2）若进入上阀体腔的孔板导板阻碍关闭，检查压板密封垫有无凸出变形；有凸出，则剪去凸起部分或更换新垫片
4	提升孔板部件有卡滞现象	清洗导板上的污物，若仍不能排除，可用锉刀稍微修理孔板导板顶端倒角
5	孔板部件下坠不能在中腔停留	稍许拧紧齿轮轴端六方螺帽排除
6	注油嘴渗漏	（1）取下注油嘴帽，加注密封脂
		（2）拧紧注油嘴帽
		（3）注油嘴内漏，更换
7	压板处渗漏	密封垫片未安装，重新安装。若密封垫片变形应及时更换
8	平衡阀不能平衡上、下阀腔压力	停输，分解，重新装配，清洗疏通平衡孔
9	上阀腔余压不能排尽	（1）首先检查滑阀是否泄漏，按本表序号 1 的方法排除
		（2）若滑阀完好，则表明平衡阀已损坏，停气，更换平衡阀
10	齿轮轴抱死	停气、分解、砂纸除锈
11	其他部位的渗漏	（1）堵头、法兰等处应停输分解检查，更换密封垫或密封圈
		（2）壳体部位的渗漏，应停输分解更换整台阀门或补焊壳体
12	无差压信号	（1）检查是否安装了孔板
		（2）查取压孔、引压管无堵塞
		（3）引压三阀组有无内、外泄漏

序号	常见故障	排除方法
13	计量数据误差较大	（1）检查核对计量参数
		（2）孔板开孔不合适，按流量大小，选择开孔合适孔板
		（3）孔板入口边缘有毛刺或损伤，更换新孔板
		（4）孔板密封圈损坏，更换密封圈
		（5）长年使用，管道锈蚀严重，更换装置

二、智能差压式流量计

（一）使用及注意事项

1. 防护要求

在使用过程中要确保前后盖的密封性，在有拆卸前后盖的情况下操作完成后将前后盖拧紧至无缝隙，如果拧紧过程中比较费力时，可将密封圈上及外壳凹槽内均匀涂上一层黄油，加强润滑。

2. 密封

（1）密封圈变形或者使用1年以上须更换新密封圈。

（2）根据扣型正确进行密封各种接头。

3. 介质

对于积液比较多的流程，应增加积液的排泄速度。

4. 过载

防止长时间单向过载造成传感器物理损坏。

（二）常见故障及处理

智能差压式流量计常见故障见表5-11。

表5-11　智能差压式流量计常见故障及处理

序号	故障现象	原因	排除方法
1	温度闪烁或者温度显示值异常	（1）铂电阻进水导致其接线柱处线路短路	（1）检查波纹管接头是否连接到位、波纹管密封垫是否损坏
		（2）连接线松动	（2）检查铂电阻连接线是否松动
		（3）铂电阻损坏	（3）更换铂电阻
2	液晶屏无显示、电池电量消耗过快、表壳内起卤等	（1）表壳进水导致电路板烧坏、短路	（1）检查波纹管表壳端接头是否上到位、波纹管密封垫是否损坏
			（2）检查表壳连接中介头处是否破裂导致进水
			（3）检查表壳中介头1/2NPT接头是否未缠绕生料带导致进水
		（2）电源排针或液晶排针起卤、断裂	（4）检查是否由表壳前后盖未拧紧到位而导致的进水
			（5）检查前后盖密封圈是否弹性老化无密封作用差而导致进水
			（6）检查并更换损坏的电路板或器件
			（7）是否外接其他负载导致电量消耗过快

序号	故障现象	原因	排除方法
3	屏幕差压、压力、温度闪烁	（1）差压、压力、温度标定数据丢失	（1）读入差压、压力、温度的原始标定数据，重新检定差压、压力、温度
		（2）差压、压力、温度超限	（2）根据实际气量大小重新选择新孔板，根据实际工作压力重新标定压力等级，根据实际工作温度选择合适温度范围进行标定
		（3）差压、压力、温度传感器损坏	（3）更换差压、压力、温度传感器
4	正常计量无瞬量	（1）孔板选型不合适，低峰计量时差压值小于所切除的差压小信号	（1）根据实际高低峰气量配选合适孔板
		（2）工作状态未设置正确	（2）查看日志记录，将状态修改正确
		（3）流量计高、低压侧设置与实际安装高、低压侧相反	（3）由计量管理员权限—装置参数设置—高压侧设置修改高低压侧
5	按键失效	（1）薄膜按键损坏	（1）液晶板成品已经固化，因此只能更换按键板
		（2）进水导致电路板线路、过孔腐蚀	（2）更换液晶电路板
6	瞬量差异较大	（1）参数修改错误，尤为计量管直径与孔板开孔内径修改错误	（1）参数修改错误，尤为计量管直径与孔板开孔内径修改错误
		（2）差压、压力、温度出现较大误差	（2）可在线检表，若差压、压力、温度示值误差超出允许校准的最大值，需将表进行返厂重新标定
		（3）清洗、更换操作时未将状态进行切换	（3）报表与日志，确定瞬量异常这段时间内确由状态未切换所致
7	放空后存在瞬量	（1）差压有零漂现象，且差压小信号切除较小	（1）让差压小信号切除设置值高于零点漂移值
		（2）差压存在线性误差	（2）标准器检定并校准差压值
		（3）放空后流量计未水平放置，高、低压侧形成一定差压	（3）将流量计水平放置
		（4）膜盒高压侧腔体有异物进入	（4）打开膜盒，清除杂质，上好膜盒，试压，重新检定
		（5）放空前正常计量有瞬量，但在放空前将状态由计量状态切换成检表、清洗、换电状态，放空后未将状态切换成计量状态，以至流量进行补偿	（5）流量计水平放置并将状态切换成计量状态

续表

序号	故障现象	原因	排除方法
8	流量计通信异常	(1) 通信线连接错误	(1) 重新按照标识连接通信线
		(2) 通信未开启	(2) 观察流量计主界面状态旁 🖥 通信图标是否显示
		(3) 设置通信模式与所采取的通信方式不一致	(3) 检查通信设置菜单—通信模式设置是否正确
		(4) 通信间隔与期望的通信间隔不对应	(4) 检查通信设置菜单—通信间隔是否是客户预期的通信间隔
		(5) 通信地址与上位机通信设置的地址不一致	(5) 将通信地址保持与上位机通信地址一致
		(6) 未安装通信转换模块驱动程序，上位机不能识别串口	(6) 装好通信模块驱动程序
		(7) 软件 COM 口与回路通信端口设置不一致异常	(7) 通过电脑设备管理器查询 COM 口号
		(8) 485-usb 或 485-232 通信转换模块功能异常	(8) 采用替代法排除功能异常的通信转换模块

三、气体腰轮流量计（罗茨）

（一）使用及注意事项

1. 使用前检查

（1）流体通过流量计时，出口阀应处于关闭状态，先慢慢地打开入口阀，观察流量计、附属设备及其连接管线有无泄漏，在管路设计压力下应无泄漏。

（2）缓慢打开流量计出口阀，并使出口保持一定的背压，观察表头计数器和仪表运行是否正常，同时监听流量计的运转有无杂声，如运转无异常，则应调节流量计的调压阀，使流量计在所需的范围内运行。

（3）在流量计投运时，应注意流量计的前后压差，当流量计的前后压差已经超过起步压力时，流量计还没启动运转，则应停止投运，立即关闭流量计的进出口阀门，待查明原因排除故障后，方可继续使用。

（4）带温度补偿的流量计，其运行温度应在温度测量范围内。

（5）几台流量计并联使用时，应调节流量计的出口调节阀，保持每台流量计的流量均衡，并在正常的流量范围内运行。

2. 使用中操作

（1）流量计在运行过程中，操作员对流量计应定期巡检和记录，主要监测其是否正常运行。

（2）流量计应在铭牌规定的流量和压力范围之内使用。流量计允许的过载能力是20%，但持续时间不得超过 30min。长期过载运行，将会加速内部磨损，并有可能降低计量的准确度。

（3）在正常使用的情况下，流量计必须定期送检。

3. 停用

（1）流量计停运前记录流量计进出口的压力和温度值，应按说明书中停表操作步骤进行操作。

（2）流量计停运后，它的进出口阀门、过滤器的排污阀等都要处于关闭状态。

4. 核查流量计

如果安装了核查流量计，则应定期进行比较核查。流量计如有电子脉冲输出结果的也应定期相互比对，并与流量计的累加器进行比对。还应按照制造厂的要求对流量计进行专门检查和调整以使流量计的不确定度维持在技术要求的范围内。如果是对流量计的性能有怀疑，则应查明原因，必要时及时更换。

5. 维护

（1）对流量计表头齿轮传动部分，定期应进行彻底清洗、检查、润滑，并在试验台上对表头进行调试。

（2）注意鉴别流量计内部有无异常声音，如前所述，正常运转时，振动与噪声甚小。如果振动与噪声加剧，就应当停机检查原因，流量计在运行过程中一旦发生故障不能继续使用，应进行检查。若是零件损坏就进行更换。

（3）勿使流体倒流。当流量计现场显示器的指针或计数器的字轮反转时，就说明管道内的流体已经倒流。应予检查避免事故。

（二）常见故障及处理

腰轮流量计常见故障及处理见表5-12。

表5-12 腰轮流量计常见故障及处理

序号	故障现象	原因	排除方法
1	起步流量故障（比规定值高）	（1）流量计负载超过范围	（1）选用量程大小合适的流量计
		（2）流量计旁路有泄漏	（2）检查旁路和阀门
		（3）仪表内部有机械摩擦	（3）检查润滑油位和油的清洁度
2	没有流量记录/转子不转动/转子转动正常而计数器不计数	（1）管道中有障碍物	（1）检查管道或阀门，保证畅通的流体通道
		（2）指示轮或减速齿轮不转动	（2）检查仪表转子自由旋转情况
		（3）管道内无气流	（3）检查流程
		（4）过滤器堵塞	（4）清洗过滤网
		（5）杂质进入流量计，使转子卡死	（5）检查过滤网有无损坏和清洗流量计内部
		（6）被测流体压力过小	（6）增大压力系统
		（7）变速齿轮啮合不良	（7）卸下计数器，检查各级变速器和计数器
		（8）各连接部分脱铆或销子脱落	（8）检查磁性联轴器，或机械密封联轴器传动情况（注意：不要使磁性联轴器承受过大的转矩，否则，会因产生错极而去磁）

续表

序号	故障现象	原因	排除方法
3	异响/噪声	（1）管道不平齐或有应力	（1）排除管道应力
		（2）转子摩擦外围构件	（2）向厂家提出更换转子，手工转动转子，听是否有摩擦声
		（3）计量室内有杂物	（3）清洗仪表
		（4）流量过大，超过规定的范围	（4）调整流量到规定的范围
		（5）止推轴承磨损，腰轮组与中隔板或壳体摩擦或该部位紧固件松动	（5）打开下盖调整止推轴承的轴向位置，拧紧螺栓
4	二次仪表显示不正常	（1）传感器部分故障	（1）检查传感器部分工作状况
		（2）显示屏故障	（2）检查显示屏接触是否可靠及电路部分供电情况
5	指针反转，字轮转动数字由大到小	流程倒错，流体流动方向与壳体箭头所示方向相反	停止运行，按箭头所示方向，使流体流动
6	泄漏	（1）压盖过松，填料磨损机械密封联轴器漏	（1）拧紧压盖，更换密封填料，加填密封油
		（2）紧固件松动	（2）固紧紧固件
		（3）螺栓松动	（3）拧紧螺栓
7	流量计显示仪显示误差大	（1）有干扰信号	（1）排除干扰可靠接地
		（2）显示仪有故障	（2）用自校"检查仪"检查
		（3）显示仪与脉冲发讯器阻抗不匹配	（3）加大显示仪的输出阻抗使之匹配
8	计量误差过大	（1）流量计示值偏移	（1）进行流量计检定校准
		（2）旁通管路泄漏	（2）关紧旁通阀
9	误差变负（指示值小于实际值）	（1）流量超出规定范围	（1）使流量在规定范围内运行或更换合适的流量计
		（2）转子等转动部分不灵活	（2）检查转子、轴承、驱动齿轮等，更换磨损零件
10	误差变正（指示值大于实际值）	流量有大的脉动	减小管路中流量的脉动

四、涡轮流量计

（一）使用及注意事项

1. 使用前检查

（1）用于天然气流量测量的涡轮流量计，应按 JJG 1037—2008《涡轮流量计检定规程》进行周期检定。

（2）应定期对仪表设置的仪表系数 k，天然气物性参数等有关参数进行检查。

（3）新安装或修理后的管路必须进行吹扫。吹扫计量管路时，必须拆下流量计，用相应短节代替流量计进行吹扫。

2. 启停操作

流量计启动时,应缓慢升压,逐步增加流速。停表时,应缓慢降压。

3. 运行要求

(1) 为了最大限度地延长其寿命和维持准确度,涡轮流量计应该在所规定的范围内运行,应避免连续地超载。

(2) 气体涡轮流量计不宜用于经常中断和脉动流的场合。对脉动流,气体涡轮流量计的测量结果通常偏高。

4. 维护

(1) 为避免滤网或过滤器的堵塞,应结合运行情况进行定期清洗、维护。

(2) 对涡轮流量计转子的维护应严格按照生产厂家规定的润滑油加注周期、数量和品种进行加注。

(二) 常见故障及处理

气体涡轮流量计由于设计、安装、使用、维护不当可能引起仪表不显示或显示不正确等故障。对故障流量计可见表5-13进行检查。

表5-13 涡轮流量计故障检查及排除方法

序号	故障现象	原因	排除方法
1	流量计不显示,液晶不亮	(1) 电源供电故障	(1) 检查电源或更换电池
		(2) 主板或其他元件损坏	(2) 更换相关元件
		(3) 连接线或元件松动	(3) 检查连接线和各元件
2	显示数据(电池标记)出现闪烁	电池电量偏低	更换电池
3	液晶显示有断码,不完整	液晶板或CPU的时钟晶振损坏	检查更换相关元件
4	无流量显示,瞬时流量始终为0,不变化	(1) 管道内没有流量通过	(1) 检查阀门是否打开,旁通是否关闭,当前是否有流量通过仪表
		(2) 表头损坏	(2) 更换表头
		(3) 叶轮卡死	(3) 清洗检查叶轮
		(4) 流量太小,小于流量计的起步流量	(4) 调整工况或者更换流量计
		(5) 内部参数设置错误	(5) 检查参数,重新设置
5	显示流量稳定,但与实际流量有较大偏差	(1) 内部参数设置错误	(1) 检查参数,重新设置
		(2) 超出流量计测量范围	(2) 调整流量或者更换仪表
		(3) 叶轮脏污或者被异物缠绕	(3) 检查清洗叶轮
		(4) 流量计本身误差大	(4) 重新标定流量计
6	使用远传信号时,现场显示有流量但(4~20)mA输出异常	(1) 一次表未加24V外电源或接线错误	(1) 检查外电源,按说明书正确接线
		(2) D/A转换集成块或电压—电流转换集成块损坏	(2) 正确接线,更换损坏的芯片
		(3) 上位机设定值或流量计设定错误	(3) 检查上位机或流量计设置

五、旋进旋涡流量计

（一）使用及注意事项

1. 使用前检查

（1）在新安装仪表或管线试压时，应注意保护智能型流量计的压力传感器免受损坏。

（2）流量积算仪可转动 90° 或 180°，在转动时不能松动防爆软管接头，也不能向拉紧防爆软管的方向转动。

2. 使用中操作

（1）流量计运行时不允许随意打开后盖，更动内部有关参数，否则将影响流量计的正常运行。

（2）若输出信号为 4~20mA 模拟信号时，为提高其准确度，用户使用时应根据实际的最大标准体积流量值设定 20mA 对应之数值。

（3）用于外销计量、关联交易计量、内部交接计量的旋进旋涡流量计，其公称通径一般不得大于 50mm。

民用气流量在 $100~8000m^3/d$ 范围内；其他类型用户用气流量不大于 $15000m^3/d$ 且额定工作压力不大于 4.0MPa。

在任何情况下，最大瞬时工况流量应不大于 $130m^3/h$。

（4）天然气运行压力应在压力传感器量程的 1/3~2/3 范围内；运行最大工况流量 Q_n 应在流量计最大流量的 1/3~3/4 之间。

（5）使用过程中，不得自行更改防爆系统的连接方式，不得随意打开仪表。

（6）流量计周围不应有强外磁场干扰及强烈的机械振动。

（7）在使用流量计时应确保其可靠接地。

（8）用于贸易计量的流量计应周期送检。

（二）常见故障及处理

旋进旋涡流量计的常见故障及处理见表 5-14。

表 5-14　旋进旋涡流量计常见故障及处理

序号	故障现象	原因	排除方法
1	无显示	（1）电源供电故障	（1）检查电源或更换电池
		（2）相关晶体振荡器故障	（2）更换相关元件
2	显示数据（电池标记）出现闪烁	电池电量偏低	更换电池
3	有显示但示值乱码或一直不变	液晶板或 CPU 的时钟晶振损坏	更换相关元件

续表

序号	故障现象	原因	排除方法
4	瞬时流量值不稳定	（1）若压力、温度波动正常，可能原因是前置灵敏度过高或过低，有多计脉冲或漏计脉冲现象	（1）更换探头或前置放大器
		（2）用户本身气流不稳定，压力波动大，造成瞬时量不稳	（2）解决气流不稳定因素
		（3）安装场所有不稳定振动及电气干扰	（3）消除不稳定振动或干扰
		（4）仪表接地不良	（4）查接地线路，使接地正常
5	供气时瞬时流量为零	（1）下限截止频率设置偏高	（1）重新设置下限截止频率
		（2）实际流量未达到仪表的起步流量	（2）加大流量
		（3）前置放大器组件损坏	（3）更换
6	未供气但仪表显示有流量	（1）管道有较强烈的振动或其他强电及地线接线受干扰	（1）尽量减少振动源，排除接地干扰
		（2）前置放大器灵敏度过高或自激，压电晶体与前置之间接地不良或断线	（2）检查线路或更换前置放大器组件
7	流量值与实际不符	（1）流量计仪表系数不正确或是仪表内部相关参数变动	（1）输入正确的仪表系数，更换存储器或CPU微处理器
		（2）用户用气量低于或高于所选用的流量计正常流量范围	（2）调整管道流量
		（3）无流量时，有虚假的瞬时量加到累计量上	（3）排除方法同故障5
		（4）流量计本身系统超差	（4）重新标定，输入新的仪表系数及相关的压力参数
		（5）高压仪表用户未加以压缩因子修正，造成较大误差	（5）输入相关参数加以修正
8	使用远传信号时，现场显示有流量但无（4~20）mA输出	（1）一次表未加24V外电源或接线错误	（1）检查外电源，按说明书正确接线
		（2）因接线错误，导致D/A转换集成块或电压—电流转换集成块损坏	（2）正确接线，更换损坏的芯片
9	温度示值异常	温度传感器损坏	更换温度传感器

序号	故障现象	原因	排除方法
10	压力示值与实际不符或显示压力设定参数的上限值	(1) 仪表压力参数设置有误	(1) 按前表盖内部标签上的参数输入
		(2) 压力传感器因介质过压而损坏	(2) 更换压力传感器
		(3) 压力传感器引线与外壳绝缘电阻变小或短路	(3) 更换压力传感器
		(4) 电路中电子模拟开关损坏,压力一直处于未选通状态	(4) 更换相关元件
		(5) 压力传感器三通阀未打开,压力示值随温度变化	(5) 打开三通阀
		(6) 压力传感器接线错误	(6) 按说明书正确接线

六、超声波流量计

(一) 使用及注意事项

1. 日常检查

对于不同厂家生产的气体超声流量计,其检测超声流量计运行状况参数的要求也各不相同,但主要为温度、压力、天然气组成和超声流量计性能参数等,应定期检查表5-15中规定的项目。

表5-15　超声流量计日常检查表

需要检查的运行参数	检查方法	备注
气体工作温度	按相关要求检查温度测量系统工作是否正常	必查
气体工作压力	按相关要求检查压力测量系统工作是否正常	必查
天然气组成	检查计算机内输入的天然气组成数据是否正确,或在线分析系统的分析数据是否正确	必查
超声流量计系数	检查超声流量计系数是否与检定证书一致	必查
各声道运行状态	检查各声道的参数,确认各声道运行是否正常	必查
零流速读数	在零流速下各声道所测得的气体流速是否小于规定值	选择
声速	检查超声流量计各声道所测的声速是否稳定在一定范围内,如果发生跳变,表明存在故障	必查
增益值/噪声（信噪比/信号质量）	(1) 增益值主要受压力和超声探头表面污物的影响,通常情况下增益应该是相对稳定的。若超出超声流量计说明书中规定的技术范围,则说明超声流量计不能正常工作	必查
	(2) 检查反映背景噪声和/或电噪声量的参数是否稳定在正常范围值	
	(3) 若增益或信噪比等超出流量说明书中规定的范围,则表明探头表面因被污染而不能正常工作	
气体工作流速	检查超声流量计所测的气体工作流速是否在超声流量计说明规定的正常工作范围内	必查
流量参数核查	首次安装时必须检查超声流量计算机内设置的各项参数是否正确	首次必查

2. 维护

超声流量计在应用中应注意保持超声探头清洁，当增益值/噪声或信噪比/信号质量等反映探头清洁程度的技术指标接近或达到界限值时，超声流量计的计量结果不准确；当表体和直管段严重脏污时也会影响其计量结果。因此，气体超声流量计探头、表体及上下游直管段的清洗是超声流量计维护保养的一项重要工作。

1）探头清洗方法及要求

（1）拆卸。

①带压拆卸超声探头必须用超声流量计所配的专用的设备操作，操作过程必须按专用设备的操作规程进行，并严格遵守计量站场的安全规定。

②不带压拆卸时先将超声流量计两端的阀门关闭，切断超声流量计的电源，泄压后用所配工具将超声探头依次拆下，并编号记录其安装位置。

注意：拆卸探头时保护探头，防止损伤。

（2）清洗。

探头的清洗步骤如下：

①把拆卸的探头发射端面存在的污垢用干净轻柔棉纱擦干净；

②用棉纱蘸少量汽油或酒精擦去探头侧面的污物。

注意：不能用硬物去清洗探头端面和侧面；操作时要避免损坏探头。

（3）安装。

带压安装时应用专用工具严格按相关规程操作。

不带压安装按步骤如下：

①在超声探头侧部密封圈上涂上少许密封脂，以免探头进入表体时受阻；

②小心将探头放入超声流量计表体上相应的安装位置，并将其固定好；

③全部复原后应对超声探头连接处的进行验漏。

注意：要使超声探头恢复到原位，探头和超声流量计表体间不能有间隙存在；不能损坏探头顶部和侧部，保证探头的密封性能。

2）超声流量计表体及上下游直管段清洗

（1）拆卸。

①把超声流量计拆卸后，再把超声流量计表体两端的上、下游直管段拆卸且分开，以便于清洗；

②注意超声流量计表体和上、下游直管段不能猛烈撞击，以免对计量产生影响。

（2）清洗。

①用毛刷将超声流量计表体内的污物清扫干净；再用棉纱蘸上汽油或酒精清洗超声流量计表体内部和上、下游直管段内部污物直至干净；

②对特别硬的污垢也应清除干净，注意清洗时不要损坏超声流量计表体内表面的光洁度；

③用干棉纱清除超声流量计表体内部和上、下游直管段内部的汽油或酒精污物；

④清洗好的超声流量计表体内部和上、下游直管段应光洁无油污。

（3）安装。

①把超声探头装入超声流量计表体后再与上、下游直管段连接；且保证各连接端面无泄漏现象；

②如有泄漏，应重新进行安装。

超声探头、超声流量计表体及上、下游直管段清洗完毕后应填写超声流量计清洗检查记录。

3）周期检定

用于贸易交接计量的超声流量计及其二次仪表应按相关规程的要求进行周期检定。

气体超声流量计的检定可分为离线检定和在线校准。离线实流检定是按检定规程的要求，对气体超声流量计至少六个流量点进行检定，但需要将气体超声流量计系统全部拆下送到法定计量检定机构检定，检定时间相对较长，送检时会影响现场计量工作。在线实流校准是将标准流量计串入气体超声流量计的计量管路内，让天然气同时流过标准流量计和气体超声流量计，通过两个流量计在相同参比条件下的流量示值，对气体超声流量计进行校准。在线实流校准不影响现场的计量，但由于现场工艺条件限制，只能在现场的工作压力下对现场实际流量点进行校准。

4）使用中检验

超声流量计使用中检验用于在实流装置上检定完成后，规定两检定周期中间的对流量计量性能可靠性的检查。使用中检验的方法有两种，一种方法是在线采用另一台标准流量计与之进行比较；另一种方法是以声速比较为基础对流量计进行的在线核查。检验后应发给测试证书或校准证书，证书上应给出全部实验数据及计算结果，并说明是否符合要求。如有一项以上不符合要求项，那么该流量计应重新进行实流检定。

（二）常见故障及处理

超声流量计常见故障及处理见表 5-16。

表 5-16　超声流量计常见故障及处理

序号	故障现象	原因	排除方法
1	没有流量信号	（1）接触不好	（1）检查超声流量计的各信号电缆及接头、直流电源的电压、电源线及用户一端的接口
		（2）其他	（2）需对超声流量计进一步检查。若某组件被确认已损坏时，应更新与其相同型号规格的组件，或超声流量计厂家推荐型号组件，更换后应进行相应的检查
2	增益值/信噪比异常	脏污	经超声流量计参数检查证实是超声探头脏污，应按第三节的要求进行清洗
3	超声探头不工作	（1）压力超范围	（1）调整计量工作压力或更换合适的探头
		（2）探头故障	（2）按要求更换相同型号的新探头，并将新探头的标定参数输入相应的程序系统中，记录新探头的系列号。检查各声道的声速测量值，其最大误差不超过 0.5mm/s。再计算出相同条件下的理论声速，二者之间误差应不大于 0.2%
4	没有温度、压力信号	接触不好	分别检查超声流量计温度、压力测量系统接线

续表

序号	故障现象	原因	排除方法
5	温度、压力信号异常	参数设置或零漂	（1）检查系统设置 （2）定期对温度、压力测量系统进行校检，确保温度压力测量数据准确可靠
6	计算机报警		计算机报警有责任和非责任报警、有冷启动和热启动报警和电池电压低等报警，应按照超声流量计的说明书进行检查
7	系统报警	报警设置	在确认温度、压力测量系统正常的情况下，检查超声流量计算机内的压力、温度量程范围设置是否正确
8	过程报警	报警设置	过程报警主要有流量、温度、压力、密度，以及热值等报警，其主要原因是由于它们测量的值超出了预设定范围。在确认压力、温度测量系统正常后检查所有的设定值
9	声速异常	系统故障	观察声速的大小，通常所测的声速值应稳定在一定范围内，如果声速突变，则表示测量系统可能有故障
10	流速超范围	超量程	气体流速超出超声流量计的测量范围，超声流量不能正常工作

七、靶式流量计

（一）使用及注意事项

1. 安装

（1）流量计视不同工况可以采用水平、垂直或倒置式安装，但必须以出厂校验单上的安装方式相同。

（2）为保证流量计准确计量，按照要求设置前后直管段，不允许直接在流量计测量管前后端安装阀门、弯头等极大改变流体流态的部件。如果需要在流量计前后管道上安装阀门、弯头等部件也应尽量保证前后直管段长度。

（3）流量计口径与相连的管道口径尺寸尽量相同，以减少流动干扰，造成计量误差。

（4）法兰式和夹装式流量计安装时，应注意法兰之间密封垫片内孔尺寸大于流量计和工艺管道通径6~8mm及是否同轴，以避免因其产生干扰流而影响计量。

（5）插入式流量计安装时，将短管及法兰焊到管道上时必须确保流体正对着靶片受力面，焊接短管高度在100mm（从管道内壁至法兰密封面的距离）。

（6）流量计壳体必须可靠接地；采用外供电源的仪表，保证供电电源不超规定范围。

（7）流量计安装后必须先置零操作，置零方法可以参考相应流量计使用说明书。

（8）对于新完工的工艺管道，应先进行初步吹扫后再安装流量计，且注意介质的方向。

2. 介质

介质工作温度在300℃以上时，用户应对流量计壳体采取隔热措施防止热辐射损坏表头，工作温度-100℃以下的介质，也要采取防冻措施。

3. 选型

流量计选型应根据经济合理的原则，选择符合被测介质的物理、化学性质，流量范围的仪表。

4. 维护

使用中定期清洗和检查流量计。

（二）常见故障及处理

靶式流量计常见故障及处理见表 5-17。

表 5-17　靶式流量计常见故障及处理

序号	现象	原因	排除方法
1	道内被测介质流速为零时，流量计示值瞬时流量值不为零	(1) 安装前后流量计水平度不一致，以至靶片和靶杆因倾斜而产生轴向水平分力导致瞬时流量存在	(1)、(2)、(3) 参照该流量计的说明书进行清零处理
		(2) 流量计长期运行，其传感器内部应力释放产生微变	
		(3) 安装或运行过程中，严重过载造成零点飘移	
		(4) 靶片、靶杆与测具之间被杂物卡住	(4) 关闭流量计前后阀门，用工具松开流量计过渡部件与测量管之间的连接螺栓，并轻轻地晃动过渡部件或取出，清理杂物后照原样复位即可
		(5) 流量计壳体接地不良	(5) 重新正确接地
2	流量计工作过程中示值出现非正常增大	(1) 靶片以及靶杆上挂有丝状及带状杂物	(1) 关闭流量计前后阀门，用工具松开流量计过渡部件与测量管之间的连接螺栓，并轻轻地晃动过渡部件或取出，清理杂物后照原样复位即可
		(2) 高结垢条件下，靶片和靶杆产生严重结垢，使受力元件靶板沿测量管轴线上投影面积增加，即靶片与测量管之间环形过流面积减少，进而在相同流量下，传感器受力增大，最终导致流量示值非正常增加	(2) 取下过渡部件，用工具将靶片和靶杆以及测量管内壁上的垢物清除
3	计量误差大	(1) 安装时流量计与连接管道相对同心度出现较大错位，密封垫片未同心，从而形成节流阻件，极大影响被测介质流态	(1) 调整安装状态
		(2) 流量计前后直管段太短，并于流量计前直接安装了弯头，阀门等极大干扰被测介质流态部件	(2) 按照说明书要求进行安装或对流量计进行实地实流标定
		(3) 旁通管道泄漏	(3) 检查及更换旁通管路
		(4) 靶片上绕缠有带状杂物，增大了靶片受力	(4) 取下过渡部件，用工具将靶片和靶杆以及测量管内壁上的垢物清除

序号	现象	原因	排除方法
4	流量计无示值或无输出信号	（1）电源接触不良或脱落	（1）对于自带电池的流量计，检查电池是否装稳，触点是否良好，以及电池电压是否正常。对于外接电源，应检查连接导线之间连接是否完好，导线是否导通，外供电源是否正常
		（2）流量计电路损坏	（2）返厂修理
		（3）显示屏损坏	（3）返厂更换
		（4）用户信号接收系统故障	（4）分段检查、排除故障
5	流量计运行过程中示值一直为零	（1）受力元件（靶片）脱落，导致传感器无力感应	（1）装配相同规格的靶片
		（2）流量计传感器无电压输出信号	（2）更换传感器或检查接线
		（3）被测介质流量太小，低于流量计的最小刻度流量	（3）返厂重新更换受力元件或更换合适量程的仪表
6	屏幕数据不停闪烁	被测介质流量超过仪表设定满量程的10%	更换较大量程仪表

第五节　物位测量仪表

一、玻璃管、玻璃板液位

（一）使用及注意事项

1. 安装

玻璃管、玻璃板液位计在安装时，不可撞击或敲打，以防玻璃管和玻璃片破碎。

2. 使用前的注意事项

（1）安装完成后，当介质温度较高时，不应立即开启阀门，应预热 20~30min，目的是防止玻璃热胀冷缩导致破裂，待玻璃管有一定温度后，再缓慢开启阀门。

（2）阀门开启程序：先缓慢开启上阀门，再缓慢开启下阀门，使被测介质慢慢进入玻璃管内。

3. 使用中的注意事项

应定期清洗玻璃管内外壁污垢，以保持液位显示清晰。清洗程序：先关闭与容器连接的上、下阀门，打开排污阀，放净玻璃管内残液，使用适当清洗剂或采用长杆毛刷拉擦方法，清除管内壁污垢。

（二）常见故障及处理

玻璃管、玻璃板液位计常见故障及处理见表 5-18。

表 5-18　玻璃管、玻璃板液位计常见故障及处理

序号	故障现象	处理措施
1	液位显示模糊，读数不清晰	在停用的情况下更换清晰玻璃管或玻璃板
2	显示的液位与实际液位有差异	（1）玻璃内积垢，对内部进行清洗
		（2）液位计上、下游控制阀未开启，检查控制阀门，上、下游控制阀应全开启

二、磁翻转式液位计

（一）使用及注意事项

1. 安装

（1）液位计安装必须垂直，以保证浮球组件在主体管内能上下运动自如。

（2）液位计主体周围200mm距离内不容许有导磁体靠近，否则直接影响液位计正常工作。

（3）液位计安装完毕后，需要用磁钢进行校正，对翻柱导引一次使零位以下显示红色，零位以上显示白色。

2. 使用前的注意事项

（1）液位计进入运行前，应先打开上阀，然后缓慢地打开下阀，使介质慢慢地流入筒体，让翻板逐一翻动跟踪指示。并用调节螺钉调整零液位。

（2）液位计投入运行时应先打开下引液管阀门让液体介质平稳进入主体管，避免液体介质带着浮球组件急速上升，而造成翻柱转失灵和乱翻。

3. 使用中的注意事项

（1）在使用过程中，因液位突然变化或其他原因造成个别翻板失灵，可用调整磁钢校正。

（2）磁性翻板式液位计经长期使用后，本体内如果有介质的沉淀物，会影响浮子的正常工作，应定期进行清洗。

（二）常见故障及处理

磁翻转式液位计常见故障及处理见表5-19。

表 5-19　磁翻转式液位计常见故障及处理

序号	故障现象	原因	排除方法
1	仪器运行不稳定，时好时坏	接触不良或虚焊造成	可以采用敲击与手压法，通过小橡皮锤敲打使其接触正常
2	液位计不显示液位	（1）磁柱出现不规则翻动	（1）用测试磁铁校验
		（2）筒体内污垢过多卡住磁浮子	（2）清洗筒体
		（3）磁浮子压裂后进水	（3）更换浮子

三、浮筒式液位计

（一）使用及注意事项

1. 使用中的注意事项

（1）不能对变送器及角度转换器造成撞击，否则会损坏液位计。

（2）避免在扭力管上施力过大，造成扭力管的损坏。

（3）不可强行斜拉浮子及浮子挂钩。

2. 检修时的注意事项

检修时不得随意松动变送器内的螺钉。

（二）常见故障及处理

浮筒式液位计常见故障及处理见表5-20。

表 5-20　浮筒式液位计常见故障及处理

序号	故障现象	原因	排除方法
1	现场仪表无显示，变送器输出为一固定电流值或不稳定	变送器的显示板或放大板损坏	更换变送器的显示板或放大板，按照要求重新输入参数，并进行线性调整
2	现场仪表显示与变送器输出一致，但仪表线性不好，零点量程波动大，且输出不稳定	（1）仪表的扭力管工作性能不稳定	（1）检查确认扭力管损坏后，更换扭力管，按照要求重新输入参数，并作线性调整
		（2）仪表的浮子挂钩损坏	（2）重新校正福增
3	仪表不能正确指示液位，仪表输出随液位变化比较缓慢	浮子上有附着物或浮子与舱室有摩擦现象	在通风口加蒸汽管线，定时用蒸汽吹扫；在仪表外壳增加伴热
4	现场仪表无显示，变送器输出低或显示与输出不吻合	（1）仪表的显示板损坏	（1）更换显示板，进行运作确认
		（2）仪表的放大板损坏	（2）更换放大板，重新输入参数进行线性调整

四、差压式液位仪表

（一）使用及注意事项

1. 零位

为使液位 H 为零时，差压液位仪表指示为零，应采取调整差压计的零点，需要进行零点迁移。

2. 检测器

检测器离底部应有一定距离，防止泥砂、污物堵塞受压部件。

3. 稳定性

如果液体流动，应安装防波管或挂重锤使之稳定。

（二）常见故障及处理

差压式液位计常见故障及处理见表5-21。

表 5-21 差压式液位计常见故障及处理

序号	故障现象	原因	排除方法
1	无显示值	(1) 无电源	(1) 检查电源，接通信号线
		(2) 毛细管漏硅油	(2) 重新添加硅油
		(3) 正负压室引压管堵塞	(3) 清理引压管路
2	显示值与实际液位值有差异	(1) 没有零点迁移	(1) 对物位进行零点迁移
		(2) 所测介质有剧烈波动	(2) 消除波动源，使介质物位缓慢变化

五、雷达式液位计

(一) 使用及注意事项

1. 测量范围

测量范围应从波束触及容器底部开始算起。

2. 测量介质

(1) 如果介质为低介电常数，在处于低液位时，或者罐底可见，这时为了保证测量的准确度，一般要将零点定位在最低处位置，这样才能保证精确测量。

(2) 测量腐蚀或者黏附的液体，测量范围的终值应距离天线的尖端至少要保持在 100mm。

3. 安全

一般都要附加盲区，设定一个安全距离。

(二) 常见故障及处理

雷达式液位计常见故障及处理见表 5-22。

表 5-22 雷达式液位计常见故障及处理

序号	故障现象	排除方法
1	仪表不能启动	检查现场连线是否符合雷达的接线要求
2	仪表不停地出现自动重启现象	检查电源接线是否正确
3	测量值错误、不准确	检查参数是否按要求设置正确，如罐高、盲区等
4	测量值不动或不正常跳动	检查仪表的扫描频率是否正确

第六节 气体检测仪表

一、可燃气体检测报警器

(一) 便携式可燃气体报警器

1. 检定操作程序

1) 准备工作

(1) 准备工用具及材料：流量控制器、减压阀、秒表、连接管路、报警器专用检定罩、扳手、螺丝刀、记录表格、笔、合格证等。

（2）准备检定用标准器具：气体标准物质（采用与被测气种相同的标准物质，标准物质浓度为 10%、40%、60% 及大于报警设定点浓度），零点气体（清洁空气或氮气）。

（3）调试标准器具，连接好气体标准物质和气体分配器之间的管路。

（4）记录环境温湿度：依据 JJG693 检定规程规定的温度及湿度范围进行检定（必须选择通风良好，无干扰被测气体的地点），否则应对检定环境采用相应的控制措施。

2）检定操作步骤

（1）将已连接并调试好的标准器具及设备与被检便携式可燃气体检测报警仪进行管路连接。操作中应注意正确使用气瓶上的减压阀，避免标准气瓶高压气源进入低压端，从而损坏流量控制器。

（2）外观及结构检定：按照 JJG 693—2011《可燃气体检测报警器》检定规程规定的外观及结构要求目察、手感检查被检报警器。

（3）标志和标识检定：根据 JJG 693—2011 检定规程规定的标志和标识要求目察被检报警器。

（4）通电检查：依据 JJG 693—2011 检定规程规定的通电要求对被检报警器进行目察、手感检查。报警器通电后，仪器能正常工作，显示部分应清晰、完整。

（5）报警功能及报警动作值的检查：通入大于报警设定点浓度的气体标准物质，使仪器出现报警动作，观察仪器声光报警是否正常，并记录仪器报警时的示值。重复测量 3 次，3 次的算术平均值为仪器的报警动作值。

（6）示值误差的检定：仪器通电预热后，连接检定气路，根据被检仪器的采样方式使用流量控制器，控制被检仪器所需要的流量。检定扩散式仪器时流量的大小必须依据使用说明书要求的流量。检定吸入式仪器时，一定要保证流量控制器的旁通流量计有气体放出。按照上述通气方法，分别通入零点气体和浓度约为满量程 60% 的气体标准物质，调整仪器的零点和示值。然后分别通入浓度约为满量程 10%、40%、60% 的气体标准物质，记录仪器的稳定示值。每点重复测量 3 次。

（7）重复性检定：仪器通电预热稳定后，通入约为满量程 40% 的气体标准物质，记录仪器稳定示值，撤去气体标准物质。在相同条件下重复上述操作 6 次。

（8）响应时间的检定：通入零点气体调整仪器零点后，再通入浓度约为满量程 40% 的气体标准物质，读取稳定示值，停止通气，让仪器回到零点。在通入上述气体标准物质时，同时启动秒表，待示值升至上述稳定值的 90% 时，停止秒表，记下秒表显示的时间。按上述方法重复测量 3 次，3 次测量结果的算术平均值为仪器的响应时间。

（9）拆除连接管路，清理标准器具和各种工用具：拆除前必须检查气瓶阀是否全关闭，观察气瓶压力表是否已完全回零，流量控制器是否已完全放空。

（10）处理数据完善检定记录：对检定合格的报警器出具检定证书；对于检定不合格

的报警器，出具检定结果通知书，并注明不合格的项目。

3）收尾工作

整理工具、用具，清洁标准器并放回原位，清洁场地。

2. 使用及注意事项

便携式可燃气体报警器的生产厂家众多、型号规格广，品种杂，但其使用方法基本相同。常用的催化燃烧型报警器使用与维护中应注意以下问题：

（1）使用仪器时，需使危险场所的级别与仪器的防爆标志相适应，仪器的防爆类别、级别、组别必须符合现场爆炸性气体混合物的类别、级别、组别的要求，不得在超过防爆标志所允许的环境中使用，否则起不到防爆作用。

（2）防止仪器意外进水或受水蒸气喷射，因为仪器的检测元件进水后其使用性能会受到影响，所以，若意外进水，要重新更换仪器内的检测元件。

（3）仪器不能在可燃气体浓度高于爆炸下限的环境条件下使用，因为催化燃烧型仪器使用的检测元件是载体催化性元件，检测可燃气体浓度高于爆炸下限的浓度时，会烧坏仪器内的检测元件。

（4）仪器不能在含硫、砷、磷、硅、铅等元素的场所使用，因为它们会使仪器中的检测元件中毒，导致仪器灵敏度下降、使用寿命缩短，严重的还会使仪器失效。要对含有上述元素化合物的可燃气体进行检测，应选用抗中毒性催化燃烧型仪器。

（5）注意仪器的零点漂移，由于温度变化等原因，有的仪器经过一段时间的运行后，会出现零点漂移的现象。当不能确认是零点漂移还是确实有可燃气体泄漏时，要用清洁空气对仪器进行零点校准。

（6）仪器投入运行前要进行工作电流（电压）的调整，调整后的工作电流（电压）值应在仪器使用说明书规定的范围内，以保证仪器的正常工作。

（7）应按检定周期对仪器进行检定，并定期检查仪器的报警功能，有试验按钮的仪器，启动仪器的试验按钮即可检查仪器的报警功能是否正常。

总之，催化燃烧型仪器检测元件的使用寿命一般为（1~3）年不等，若使用维护正确且使用条件得当，可适当延长其使用寿命。

3. 便携式可燃气体报警器常见故障及处理

便携式可燃气体报警器常见故障及处理见表5-23。

表5-23　便携式可燃气体报警器常见故障及处理

序号	故障现象	原因	排除方法
1	对测试气体无反应	（1）传感器失效	（1）更换传感器
		（2）传感器松脱	（2）重新插接牢固
2	洁净空气中显示不为零	零点发生漂移	重新标定
3	浓度指示不回零	（1）探测器周围有残余气体	（1）吹净残余气体
		（2）零点漂移	（2）在洁净空气下重新标定调整零位
4	开机后不显示	（1）电池没电	（1）对电池充电或更换新电池
		（2）电路故障	（2）返厂维修

序号	故障现象	原因	排除方法
5	报警鸣响不停	（1）报警点设置不正确	（1）重新设定
		（2）传感器松脱	（2）重新插接好
		（3）电路故障	（3）返厂维修
		（4）电池欠压	（4）对电池充电或更换新电池
6	报警灯亮没有报警声	蜂鸣器损坏	更换蜂鸣器

（二）固定式可燃气体报警器

1. 检定操作程序

1）准备检查

（1）准备工用具及材料：气体分配器、调压阀、秒表、连接管线、仪表专用检定罩、扳手、螺丝刀、记录表格、笔、合格证等。

（2）准备标准器具及设备：气体标准物质（采用与被测气种相同的标准物质，标准物质浓度为 10% LEL，40% LEL，60% LEL 以及 1.1 倍报警设定点）、零点气体（氮气或干净空气）。

（3）调试标准设备状态及位置。

（4）记录环境温湿度：依据 JJG693—2011 检定规程规定的温度及湿度范围进行检定（必须选择通风良好，无干扰被测气体的地点），否则应对检定环境采用相应的控制措施。

2）检定操作步骤

（1）判断该固定式硫化氢气体检测报警仪是单体的还是带报警系统联锁控制功能的。如果是带报警系统联锁控制功能的报警仪，首先必须关闭联锁控制功能，观察关闭该功能后现场设备设施运转状态，若出现异常应立即查明原因并处理。

（2）连接标准器具与被检器具前注意，如需打开被检器具显示器隔爆盒盖进行检定调试操作，首先必须确认被检器具周围无可燃性气体存在，然后才能开盖。

（3）将已连接并调试好的标准器具及设备与被检固定式可燃气体检测报警仪进行管路连接。操作中应注意正确使用标准器具减压阀，避免标准气瓶高压气源进入低压端，从而损坏流量控制器和气路。

（4）外观及通电检查：按照 JJG 693—2011 检定规程规定的外观及结构要求目察、手感检查被检报警器。报警器通电后，仪器能正常工作，显示部分应清晰、完整。

（5）报警功能及报警动作的检查：通入大于报警设定点浓度的气体标准物质，使仪器出现报警动作，观察仪器声光报警是否正常，并记录仪器报警时的示值。重复测量 3 次，3 次的算术平均值为仪器的报警动作值。

（6）示值误差的检定：仪器通电预热后，连接检定气路根据被检仪器的采样方式使用流量控制器，控制被检仪器所需要的流量。检定扩散式仪器时流量的大小必须依据使用说明书要求的流量。检定吸入式仪器时，一定要保证流量控制器的旁通流量计有气体放出。按照上述通气方法，分别通入零点气体和浓度约为满量程 60% 的气体标准物质量，调整仪器的零点和示值。然后分别通入浓度约为满量程10%、40%、60%的气体标准物质，记录仪器的稳定示值。每点重复测量3次。

（7）重复性检定：仪器通电预热稳定后，通入约为满量程40%的气体标准物质，记录仪器稳定示值，撤去气体标准物质。在相同条件下重复上述操作6次。

（8）响应时间的检定：通入零点气体调整仪器零点后，再通入浓度约为满量程40%的气体标准物质，读取稳定示值，停止通气，让仪器回到零点。在通入上述气体标准物质时，同时启动秒表，待示值升至上述稳定值的90%时，停止秒表，记下秒表显示的时间。按上述方法重复测量3次，3次测量结果的算术平均值为仪器的响应时间。

（9）拆卸连接设备，清理标准器具及工用具：恢复屏蔽的报警或中断联锁装置，观察固定式可燃气体检测报警仪是否处于正常工作状态。

（10）处理数据完善检定记录。对检定合格的报警器出具检定证书；对于检定不合格的报警器，出具检定结果通知书，并注明不合格的项目。

3）收尾工作

整理工具、用具，清洁标准器并放回原位，清洁场地。

2. 使用及注意事项

固定式可燃气体报警器的生产厂家众多、型号规格广、品种杂，但其使用方法也基本相同。常用的催化燃烧型报警器使用与维护中应注意以下问题：

（1）使用仪器时，需使危险场所的级别与仪器的防爆标志相适应，仪器的防爆类别、级别、组别必须符合现场爆炸性气体混合物的类别、级别、组别的要求，不得在超过防爆标志所允许的环境中使用，否则起不到防爆作用。

（2）防止仪器意外进水或受水蒸气喷射，因为仪器的检测元件进水后其使用性能会受到影响，所以，若意外进水，要重新更换仪器内的检测元件，固定式可燃气体报警器多安装于室外，故应加装防雨罩。

（3）仪器不能在可燃气体浓度高于爆炸下限的环境条件下使用。因为催化燃烧型仪器使用的检测元件是载体催化性元件，检测可燃气体浓度高于爆炸下限的浓度时，会烧坏仪器内的检测元件。

（4）仪器不能在含硫、砷、磷、硅、铅等元素的场所使用，因为它们会使仪器中的检测元件中毒，导致仪器灵敏度下降、使用寿命缩短，严重的还会使仪器失效。要对含有上述元素化合物的可燃气体进行检测，应选用抗中毒性催化燃烧型仪器。

（5）仪器安装位置的高低要与被测气体的密度相适应，比空气轻的气体向上扩散，仪器应安装在泄漏源的上方，其安装高度应高出泄漏源所在高度的$0.5\sim2m$且与泄漏源的水平距离适当减少至5m以内，这样可以尽快检测到可燃气体。

（6）维护仪器时，不得在仪器通电的情况下现场拆装仪器，现场拆装仪器时要特别小心，不要损伤隔爆面和夹杂脏物。就地指示的，校准过程中不得不进行拆开调试时，必须先用便携式仪器检测周围环境中是否有可燃气体，确认无可燃气体后才可进行。

（7）注意仪器的零点漂移，由于温度变化等原因，有的仪器经过一段时间的运行后，会出现零点漂移的现象。当不能确认是零点漂移还是确实有可燃气体泄漏时，要用清洁空气对仪器进行零点校准。维护人员要加强巡检，及时对有零点漂移的仪器进行调零，防止由于零点漂移而带来新的示值误差。

（8）正确设定仪表的报警值。一般情况下，仪器显示的浓度范围是（0%~100%）LEL，报警设定值一般在（20%~30%）LEL处。具有二级报警的仪器，一级报警设定值应小于或等于20% LEL；二级报警设定值应小于或等于40% LEL。有的现场不可避免地存在（10%~20%）LEL的可燃气体泄漏，因此报警器会经常处于报警状态。这时，需会同现场工艺人员及安全部门共同确认是否应调整报警值。

（9）仪器投入运行前要进行工作电流（电压）的调整，调整后的工作电流（电压）值应在仪器使用说明书规定的范围内，以保证仪器的正常工作。

（10）注意仪器的使用温度，固定式气体检测器多安装于露天场所。因此，对仪器的使用温度要有一定的要求。特别注意在北方的冬季进行检测时，要参照看使用说明书上的温度指标，以确定环境温度是否在使用温度的范围内，以免造成由于超出使用温度范围而带来的附加误差。

（11）注意仪器的检测范围，可燃气体的浓度显示值取决于可燃气体与空气中的氧气进行催化燃烧过程中产生的热量。对于一个密闭区域，由于其氧含量低于10%，所以不能检测，且不能检测以惰性气体为背景的气体中可燃气体的浓度。

（12）应按检定周期对仪器进行检定，并定期检查仪器的报警功能。有试验按钮的仪器，启动仪器的试验按钮即可检查仪器的报警功能是否正常。

总之，催化燃烧型仪器检测元件的使用寿命一般为1~3年不等，若使用维护正确且使用条件得当，可适当延长其使用寿命。

3. 常见故障及处理

固定式可燃气体报警器常见故障及处理见表5-24。

表5-24 固定式可燃气体报警器常见故障及处理

序号	故障现象	原因	排除方法
1	接通仪表电源后工作指示灯不亮	（1）电源未能接通	（1）重新检查电源是否接通
		（2）熔断丝断	（2）更换熔断丝
2	故障指示灯亮，蜂鸣器响声不断	（1）检测器连线错误	（1）正确接线
		（2）检测器断线	（2）重新接好
3	浓度指示不回零	（1）探测器周围有残余气体	（1）吹净残余气体
		（2）零点漂移	（2）在洁净空气下重新标定调整零位
4	数据管显示缺笔画	（1）7107接触不良	（1）重新使7107接触好
		（2）数码管管脚虚焊	（2）重新焊好
		（3）数码管笔画损坏	（3）更换数码管
5	浓度显示值偏差太大	（1）传感器损坏	（1）更换传感器
		（2）传感器工作点漂移	（2）调整传感器工作点
6	浓度显示值不稳定	周围电磁场干扰	排除干扰后重新复位

序号	故障现象	原因	排除方法
7	用标准样气检测时指示在样气浓度值以下，调整后仍达不到样气浓度标准值	一般为检测元件损坏	更换或修复检测元件
8	用标准样气检测时无声光报警	（1）烧结金属孔堵塞 （2）元器件老化	（1）更换新过滤器 （2）重新标定

二、硫化氢气体检测报警仪

（一）便携式硫化氢气体检测报警仪

1. 检定操作程序

1）准备检查

（1）准备工用具及材料：流量控制器、减压阀、秒表、连接管路、报警仪专用检定罩、扳手、起子、记录表格、笔、合格证等。

（2）准备检定用标准器具：气体标准物质（浓度为满量程的20%、50%、80%以及报警设定点1.5倍的硫化氢标准气体）、零点校准气（高纯氮气或干净空气）。

（3）调试标准器具，连接好气体标准物质和气体分配器之间的管路。

（4）记录环境温湿度：依据JJG 695—2009《硫化氢气体测仪检定规程》规定的温度及湿度范围进行检定，查看四周是否通风良好，否则应对检定环境采用相应的控制措施。

2）检定操作步骤

（1）将已连接并调试好的标准器具及设备与被检便携硫化氢气体检测报警仪进行管路连接。操作中应注意正确使用气瓶上的减压阀，避免标准气瓶高压气源进入低压端，从而损坏流量控制器。

（2）外观检查：按照JJG 695—2009检定规程规定的外观要求目测、手触检查被检报警仪。仪器开机后，显示应清晰完整，观察仪器有无报警声和报警灯是否闪烁，检查仪器的报警设定点。

（3）示值误差的检定：仪器经预热稳定后用零点气和浓度为测量上限值80%左右的标准气体，校准仪器的零点和示值后，在测量范围内依次通入浓度分别为量程上限值的20%、50%左右的标准气体，并记录通入后的实际读数。重复上述步骤3次。

（4）重复性检定：仪器经预热稳定后用零点校准气校准仪器零点后，再通入浓度为量程50%左右的标准气，待读数稳定后，记录测量值。重复上述步骤6次。

（5）响应时间的检定：仪器经预热稳定后，用零点气体校准仪器零点后，再通入浓度约为量程50%左右的标准气，读取稳定示值，撤去标准气，使仪器显示为零。再通入上述浓度的标准气，同时用秒表记录从通入标准气瞬时起到仪器显示稳定值的90%时的时间，记下秒表显示的时间。重复上述步骤3次。

（6）报警误差的测定：仪器经预热稳定后用零点气和浓度为测量上限值80%左右的标准气体，校准仪器的零点和示值。然后通入浓度约为报警设定点1.5倍左右的标准气，记录仪器的实际报警浓度值，撤去标准气，通入零点气使仪器回零。重复上述步骤 3 次。

（7）拆除连接管路，清理标准器具和各种工用具。拆除前必须检查气瓶阀是否全关闭，观察气瓶压力表是否已完全回零，流量控制器是否已完全放空。

（8）处理数据完善检定记录。对检定合格的报警仪出具检定证书；对于检定不合格的报警仪，出具检定结果通知书，并注明不合格的项目。

3）收尾工作

整理工具、用具，清洁标准器并放回原位，清洁场地。

2. 使用及注意事项

便携式硫化氢气体检测报警仪的生产厂家众多、型号规格广，品种杂，但其使用方法基本相同。在使用与维护中应注意以下问题：

（1）使用仪器时，需使危险场所的级别与仪器的防爆标志相适应，仪器的防爆类别、级别、组别必须符合现场爆炸性气体混合物的类别、级别、组别的要求，不得在超过防爆标志所允许的环境中使用，否则起不到防爆作用。

（2）防止仪器意外进水或受水蒸气喷射，因为仪器的检测元件进水后其使用性能会受到影响，所以，若意外进水，要重新更换仪器内的检测元件。

（3）仪器不能在含硫、砷、磷、硅、铅等元素的场所使用，因为它们会使仪器中的检测元件中毒，导致仪器灵敏度下降、使用寿命缩短，严重的还会使仪器失效。要对含有上述元素化合物的有毒可燃气体进行检测，应选用抗中毒性催化燃烧型仪器。

（4）注意仪器的零点漂移，由于温度变化等原因，有的仪器经过一段时间的运行后，会出现零点漂移的现象。当不能确认是零点漂移还是确实有可燃气体泄漏时，要用清洁空气对仪器进行零点校准。

（5）应按检定周期对仪器进行检定，并定期检查仪器的报警功能。

3. 常见故障及处理

便携式硫化氢气体检测报警仪常见故障及处理见表 5-25。

表 5-25　便携式硫化氢气体检测报警仪常见故障及处理

序号	故障现象	原因	排除方法
1	对测试气体无反应	（1）传感器失效	（1）更换传感器
		（2）传感器松脱	（2）重新插接牢固
2	洁净空气中显示不为零	零点发生漂移	重新标定
3	浓度指示不回零	（1）探测器周围有残余气体	（1）吹净残余气体
		（2）零点漂移	（2）在洁净空气中重新标定调整零位
4	开机后不显示	（1）电池没电	（1）对电池充电或更换新电池
		（2）电路故障	（2）返厂维修
5	报警鸣响不停	（1）报警点设置不正确	（1）重新设定
		（2）传感器松脱	（2）重新插接好
		（3）电路故障	（3）返厂维修
		（4）电池欠压	（4）对电池充电或更换新电池

序号	故障现象	原因	排除方法
6	报警灯亮没有报警声	蜂鸣器损坏	更换蜂鸣器

（二）固定式硫化氢气体检测报警仪

1. 检定操作程序

1）准备工作

（1）准备工用具及材料：流量控制器、减压阀、秒表、连接管路、报警仪专用检定罩、扳手、螺丝刀、记录表格、笔、合格证等。

（2）准备检定用标准器具：气体标准物质（浓度为满量程的 20%、50%、80% 以及报警设定点 1.5 倍的硫化氢标准气体）、零点校准气（高纯氮气或干净空气）。

（3）调试标准器具，连接好气体标准物质和气体分配器之间的管路。

（4）进入生产场所必须佩带便携式（硫化氢或可燃性）气体报警器，操作时应有人监护。

（5）记录环境温湿度：依据 JJG 695—2009 检定规程规定的温度及湿度范围进行检定，否则应对检定环境采用相应的控制措施。

2）检定操作步骤

（1）判断该固定式硫化氢气体检测报警仪是单体的还是带报警系统联锁控制功能的。如果是带报警系统联锁控制功能的报警仪，首先必须关闭联锁控制功能，观察关闭该功能后现场设备设施运转状态，若出现异常应立即查明原因并处理。

（2）将已连接并调试好的标准器具及设备与被检固定式硫化氢气体检测报警仪进行管路连接。操作中应注意正确使用气瓶上的减压阀，避免标准气瓶高压气源进入低压端，从而损坏流量控制器。在连接管路前如需打开被检报警仪显示器隔爆盒盖进行定挡调试操作，首先必须确认被检器具周围无可燃性气体存在，然后才能开盖。

（3）外观检查：按照 JJG 695—2009 检定规程规定的外观要求目测、手触检查被检报警仪。仪器开机后，显示应清晰完整，观察仪器有无报警声和报警灯是否闪烁，检查仪器的报警设定点。

（4）示值误差的检定：仪器经预热稳定后用零点气和浓度为测量上限值 80% 左右的标准气体，校准仪器的零点和示值后，在测量范围内依次通入浓度分别为量程上限值的 20%、50% 左右的标准气体，并记录通入后的实际读数。重复上述步骤 3 次。

（5）重复性检定：仪器经预热稳定后用零点校准气校准仪器零点后，再通入浓度为量程 50% 左右的标准气，待读数稳定后，记录测量值。重复上述步骤 6 次。

（6）响应时间的检定：仪器经预热稳定后，用零点气体校准仪器零点后，再通入浓度约为量程 50% 左右的标准气，读取稳定示值，撤去标准气，使仪器显示为零。再通入上述浓度的标准气，同时用秒表记录从通入标准气瞬时起到仪器显示稳定值的 90% 时的时间，记下秒表显示的时间。重复上述步骤 3 次。

（7）报警误差的测定：仪器经预热稳定后用零点气和浓度为测量上限值 80% 左右的

标准气体，校准仪器的零点和示值。然后通入浓度约为报警设定点 1.5 倍左右的标准气，记录仪器的实际报警浓度值，撤去标准气，通入零点气使仪器回零。重复上述步骤 3 次。

（8）拆除连接管路，清理标准器具和各种工用具。拆除前必须检查气瓶阀是否全关闭，观察气瓶压力表是否已完全回零，流量控制器是否已完全放空。

（9）处理数据完善检定记录。对检定合格的报警仪出具检定证书；对于检定不合格的报警仪，出具检定结果通知书，并注明不合格的项目。

（10）恢复联锁控制功能，观察被检硫化氢气体检测报警仪是否处于正常工作状态。

3）收尾工作

整理工具、用具，清洁标准器并放回原位，清洁场地。

2. 使用及注意事项

固定式硫化氢气体检测报警器的生产厂家众多、型号规格广，品种杂，但其使用方法也基本相同。常用的电化学型报警器使用与维护中应注意以下问题：

（1）使用仪器时，需使危险场所的级别与仪器的防爆标志相适应，仪器的防爆类别、级别、组别必须符合现场爆炸性气体混合物的类别、级别、组别的要求，不得在超过防爆标志所允许的环境中使用，否则起不到防爆作用。

（2）仪器应安装在靠近潜在的气体泄漏源附件，并远离热、光、风、尘、水、抖动、震荡和无线电频率干扰处。并安装防水设备。

（3）仪器安装位置的高低要与被测气体的密度相适应，硫化氢是比空气重的气体，应将其安装在泄漏源的下方且安装高度应高出地面 $0.3\sim0.6\mathrm{m}$。

（4）维护仪器时，不得在仪器通电的情况下现场拆装仪器，现场拆装仪器时要特别小心，不要损伤隔爆面和夹杂脏物。就地指示的，校准过程中不得不进行拆开调试时，必须先用便携式仪器检测周围环境中是否有有毒气体，确认无有毒气体后才可进行。

（5）注意仪器的零点漂移，由于温度变化等原因，有的仪器经过一段时间的运行后，会出现零点漂移的现象。当不能确认是零点漂移还是确实有硫化氢气体泄漏时，要用清洁空气对仪器进行零点校准。维护人员要加强巡检，及时对有零点漂移的仪器进行调零，防止由于零点漂移而带来新的示值误差。

（6）正确设定仪表的报警值。一般情况下，仪器显示的浓度范围是 $0\sim100\mathrm{mL/m^3}$，报警设定值一般在 $10\mathrm{mL/m^3}$ 处。具有二级报警的仪器，一级报警设定值应小于或等于 $10\mathrm{mL/m^3}$；二级报警设定值应小于或等于 $20\mathrm{mL/m^3}$。有的现场不可避免地存在硫化氢气体泄漏，因此报警器会经常处于报警状态。这时，需会同现场工艺人员及安全部门共同确认是否应调整报警值。

（7）仪器投入运行前要进行工作电流（电压）的调整，调整后的工作电流（电压）值应在仪器使用说明书规定的范围内，以保证仪器的正常工作。

（8）注意仪器的使用温度，固定式硫化氢气体检测仪多安装于露天场所。因此，对仪器的使用温度要有一定的要求。特别注意在冬季进行检测时，要参照使用说明书上的温度指标，以确定环境温度是否在使用温度的范围内，以免造成由于超出使用温度范围而带来的附加误差。

（9）应按检定周期对仪器进行检定，并定期检查仪器的报警功能。

（10）对长期储存的仪器应取下电化学头，安装短接线，并将化学头放在密闭容器里，储存的环境温度和湿度应符合其环境要求。

3. 常见故障及处理

固定式硫化氢气体检测报警器常见故障及处理见表 5-26。

表 5-26　固定式硫化氢气体检测报警仪常见故障及处理

序号	故障现象	原因	排除方法
1	接通仪表电源后工作指示灯不亮	（1）电源未能接通	（1）重新检查电源是否接通
		（2）熔断丝断	（2）更换熔断丝
2	故障指示灯亮，蜂鸣器响声不断	（1）检测器连线错误	（1）正确接线
		（2）检测器断线	（2）重新接好
3	浓度指示不回零	（1）探测器周围有残余气体	（1）吹净残余气体
		（2）零点漂移	（2）在洁净空气下重新标定调整零位
4	数据管显示缺笔画	（1）7107 接触不良	（1）重新使 7107 接触好
		（2）数码管管脚虚焊	（2）重新焊好
		（3）数码管笔画损坏	（3）更换数码管
5	浓度显示值偏差太大	（1）传感器损坏	（1）更换传感器
		（2）传感器工作点漂移	（2）调整传感器工作点
6	浓度显示值不稳定	周围电磁场干扰	排除干扰后重新复位
7	用标准样气检测时指示在样气浓度值以下，调整后仍达不到样气浓度标准值	一般为检测元件损坏	更换或修复检测元件
8	用标准样气检测时无声光报警	（1）烧结金属孔堵塞	（1）更换新过滤器
		（2）元器件老化	（2）重新标定

三、氧气检测报警仪

（一）检定操作程序

1. 准备工作

（1）准备工用具及材料：流量控制器、减压阀、秒表、连接管路、报警器专用检定罩、扳手、螺丝刀、记录表格、笔、合格证等。

（2）准备检定用标准器具：气体标准物质（采用浓度约为满量程 20%、50%、80% 的氮中氧气体）、零点气体（高纯氮）。

（3）调试标准器具，连接好气体标准物质和气体分配器之间的管路。

（4）记录环境温湿度：依据 JJG 365—2008《电化学氧测定仪检定规程》规定的温度及湿度范围进行检定，周围应无影响仪器正常工作的电磁场及检测精度的干扰气体。否则应对检定环境采用相应的控制措施。

2. 检定操作步骤

（1）将已连接并调试好的标准器具及设备与被检氧气检测报警仪进行管路连接。操作中应注意正确使用气瓶上的减压阀，避免标准气瓶高压气源进入低压端，从而损坏流量控制器。

（2）外观及功能性检查：按照 JJG 365—2008 检定规程规定的外观及功能性要求目察被检报警器。

（3）示值误差的检定：按照仪器使用说明书的要求对仪器进行预热稳定以及零点和量程的校准。量程校准时，如使用说明书未做出规定，可以采用在 20.9% 校准点进行量程的校准。仪器的常用检定点不少于 3 点，一般选择在量程的 20%、50%、80% 附近 3 点，仪器示值从低氧浓度点到高氧浓度点的顺序检定。在规定的流量下，将已知浓度的氮中氧标准气体通入仪器，待示值稳定后（一般从通气到读数的时间不得少于该仪器响应时间的 3 倍）读数。更换不同氧浓度的标准气体。逐点检定，每点重复检定 3 次。

（4）重复性的检定：通入浓度约为量程 50% 左右的氮中氧标准气体，待示值稳定后记录仪器示值，重复检定 6 次。

（5）响应时间的检定：通入零点气体调整仪器零点后，按规定的流量向仪器通入浓度为满量程 80% 左右的氮中氧标准气体。用秒表测定从通入标准气体开始到仪器示值变化至被测气体稳定示值 90% 所需的时间。重复测量 3 次，取算术平均值为仪器的响应时间。

（6）拆除连接管路，清理标准器具和各种工用具。拆除前必须检查气瓶阀是否全关闭，观察气瓶压力表是否已完全回零，流量控制器是否已完全放空。

（7）处理数据完善检定记录。对检定合格的报警器出具检定证书；对于检定不合格的报警器，出具检定结果通知书，并注明不合格的项目。

3. 收尾工作

整理工具、用具，清洁标准器并放回原位，清洁场地。

（二）使用及注意事项

氧气检测报警仪是一种可连续检测作业环境中氧气气体浓度的本质安全型仪器。按安装方式可分为便携式氧气检测仪和固定式氧气检测仪。检测报警器使用与维护中应注意以下问题：

1. 使用前

（1）应进行零点、准确度和报警点的检查和调整。

（2）仪器每次使用前都必须进行充电，以保证仪器的正常工作。

2. 使用中

（1）使用时应注意氧气探头受大气压力的影响。

（2）严禁在有爆炸危险的场所拆卸仪器。

（3）使用时应防止水滴溅入，避免经受猛烈撞击和挤压。

（4）使用中发现电压不足时，仪器应立即停止使用，否则将影响仪器的正常工作，并缩短电池的使用寿命；报警器充电时应通风良好，远离硫化氢等有害气体源。

3. 停用

应放置通风干燥处储存，避免与硫化氢等有害气体接触，每季度进行一次充放电。

（三）常见故障及处理

氧气检测报警仪常见故障及处理见表 5-27。

表 5-27　氧气检测报警仪常见故障及处理

序号	故障现象	原因	排除方法
1	不能开机或开机无显示	电池电量不足	更换电池
2	读数偏低	(1) 标定不准	(1) 重新标定
		(2) 传感器失效	(2) 更换传感器
3	零点浓度不为大气氧浓度	(1) 探测器周围有残余气体	(1) 吹净残余气体
		(2) 零点漂移	(2) 在洁净空气下重新标定调整零位

四、一氧化碳检测报警仪

(一) 检定操作程序

1. 准备工作

(1) 准备工用具及材料：流量控制器、减压阀、秒表、连接管路、报警器专用检定罩、扳手、螺丝刀、记录表格、笔、合格证等。

(2) 准备检定用标准器具：气体标准物质 (采用浓度约为 1.5 倍仪器报警下限设定值，30%测量范围上限值和 70%测量范围上限值的标准气体)、零点气体 (高纯氮气)。

(3) 调试标准器具，连接好气体标准物质和气体分配器之间的管路。

(4) 记录环境温湿度：依据 JJG 915—2008《一氧化碳检测报警器检定规程》规定的温度及湿度范围进行检定，周围应无影响仪器正常工作的电磁场干扰。否则应对检定环境采用相应的控制措施。

2. 检定操作步骤

(1) 将已连接并调试好的标准器具及设备与被检一氧化碳气体检测报警仪进行管路连接。操作中应注意正确使用气瓶上的减压阀，避免标准气瓶高压气源进入低压端，从而损坏流量控制器。

(2) 外观检查：按照 JJG 915—2008 检定规程规定的外观及功能性要求目察、手感法检查被检报警器。

(3) 报警设定值和报警功能的检查：仪器开机稳定后，通入浓度约为 1.5 倍仪器报警 (下限) 设定值的标准气体，记录仪器的报警 (下限) 设定值并观察仪器声或声光报警是否正常。

(4) 示值误差的检定：用零点气调整仪器的零点，依次通入浓度约为 1.5 倍仪器报警 (下限) 设定值、30%测量范围上限值和 70%测量范围上限值的标准气体。记录气体通入后仪器的实际读数。重复测量 3 次。

(5) 重复性的检定：用零点气调整仪器的零点，通入浓度约为 70%测量范围上限值的标准气体，待读数稳定后记录仪器显示值，重复上述测量 6 次。

(6) 响应时间的检定：用零点气调整仪器的零点，通入浓度约为 70%测量范围上限值的标准气体，读取稳定数值后，撤去标准气，通入零点气至仪器稳定后，再通入上述浓度的标准气，同时用秒表记录从通入标准气体瞬时起到仪器显示稳定值 90% 时的时间。重复测量 3 次，取 3 次测量值的平均值作为仪器的响应时间。

（7）拆除连接管路，清理标准器具和各种工用具。拆除前必须检查气瓶阀是否全关闭，观察气瓶压力表是否已完全回零，流量控制器是否已完全放空。

（8）处理数据完善检定记录。对检定合格的报警仪出具检定证书；对于检定不合格的报警仪出具检定结果通知书，并注明不合格的项目。

3. 收尾工作

整理工具、用具，清洁标准器并放回原位，清洁场地。

（二）使用及注意事项

检测一氧化碳浓度的仪器很多，按原理可分为电化学、红外线吸收、气敏半导体型等；按安装方式可分为便携式和固定式。以目前使用情况来看以电化学便携式居多。在使用与维护中应注意以下问题：

1. 使用前

应进行一次全放电、全充电、校准的过程，再投入使用以确认仪器各项性能的完好。

2. 停用

应放置在空气新鲜、干燥、无腐蚀气体、无辐射、无强烈震动的环境中。当仪器再次启用时，应进行全充电、全放电、校准的全过程，以确保仪器的正常使用。

3. 使用中

（1）电池维护：当仪器电池容量降低到不能满足正常的使用要求或电池损坏时，应更换电池。更换电池后应进行 2 次的全充电和全放电过程。

（2）探头维护：当仪器探头的灵敏度降低到无法校正或稳定性不好时，应更换探头。更换过探头的仪器，应放置 24h 以上，进行各性能的测试和校准后使用。

（3）拆卸要求：严禁在有爆炸危险的场所拆卸仪器。

（三）常见故障及处理

一氧化碳检测报警仪常见故障及处理见表 5-28。

表 5-28 一氧化碳检测报警仪常见故障及处理

序号	故障现象	原因	排除方法
1	不能开机或开机无显示	电池电量不足	更换电池
2	读数偏低	（1）标定不准	（1）重新标定
		（2）传感器失效	（2）更换传感器
3	浓度指示不回零	（1）探测器周围有残余气体	（1）吹净残余气体
		（2）零点漂移	（2）在洁净空气下重新标定调整零位

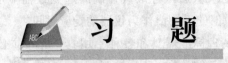

习　　题

一、名词解释

1. 感温泡。
2. 安全泡。
3. 温度变送器。
4. 轻敲位移。
5. 压力变送器。
6. 标准信号制。

二、简答题

1. 简述玻璃液体温度计感温液柱的修复方法。
2. 简述铂电阻短路故障处理方法。
3. 简述铂电阻检定中绝缘电阻的测量方法。
4. 普通压力表外观检查中对零位检查的要求是什么?
5. 在日常使用中定期对压力（差压）变送器回路的检查内容有哪几项?
6. 检定压力变送器时，绝缘电阻与绝缘强度的技术要求是什么?
7. 简述信号隔离器（安全栅）使用注意事项。
8. 雷达液位计开机后屏幕无水位显示和流量显示的原因分析及处理措施?

三、思考题

分析热电偶热电势输出不稳定的故障原因及处理方法?

四、计算题

在200℃检定点附近，参考端为0℃，被检 E 型热电偶的热电动势值为13.465mV，二等标准水银温度计测得温场的温度为200.18℃，求被检热电偶在200℃时的示值误差及修正值。

第六章

计量检定

计量工作贯穿于整个天然气生产建设、经营管理。为了确保计量工作的合法性、公正性和计量结果的准确可靠与有效性，充分发挥计量工作在生产过程和经营管理活动中的技术支撑作用，本章对计量基准、标准的建立，计量检定遵循的原则，量值传递与量值溯源，计量检定人员管理，计量检定印、证管理，计量检定、校准和检测，计量检定资料管理做了简要介绍。

第一节　概　　述

一、计量基准、计量标准的建立

（一）计量基准的建立

《计量法》规定："国务院计量行政主管部门负责组织建立计量基准和有证基准物质的定级，作为统一全国量值的最高依据，并通过比对和后续研究等方式确保其量值与国际保持一致。"

计量基准是指经国家质检总局批准，在中华人民共和国境内为了定义、实现、保存、复现量的单位或者一个或多个量值，用作有关量的测量标准定值依据的实物量具、测量仪器、标准物质或者测量系统。全国的各级计量标准和工作计量器具的量值，都应直接或者间接地溯源到计量基准。

国家建立计量基准的原则如下：

（1）要根据社会、经济发展和科学技术进步的需要，由国家质检总局负责统一规划，组织建立。

（2）属于基础性、通用性的计量基准，建立在国家质检总局设置或授权的计量技术机构；属于专业性强、仅为个别行业所需要，或工作条件要求特殊的计量基准，可以建立在有关部门或者单位所属的计量技术机构。

计量基准是统一全国量值的最高依据，故对每项测量参数来说，全国只能有一个计量基准，由国务院计量行政部门统一安排，其他部门和单位不能随意建立计量基准。

（二）计量标准的建立

计量标准处于国家检定系统表的中间环节，起着承上启下的作用，即将计量基准所复现的单位量值，通过检定逐级传递到工作计量器具，从而确保工作计量器具量值的准确可靠，确保全国计量单位制和量值的统一。

为了使各项计量标准能够在正常的技术状态下进行工作，保证量值的溯源性，按《计量法》规定，省级以上计量行政部门建立的社会公用计量标准和部门、被授权单位建立的各项最高计量标准，都要依法考核合格，才有资格进行量值传递。这是保障全国量值准确一致的必要手段。考核的目的是确认其是否具有开展量值传递的资格。考核的内容主要包括计量标准设备、环境条件、检定人员以及管理制度等四个方面。

1. 社会公用计量标准

社会公用计量标准，是指政府计量行政主管部门组织建立的，作为统一本地区量值的依据，并对社会实施计量监督具有公证作用的各项计量标准。在处理因计量器具准确度引起的计量纠纷时，只能以计量基准或社会公用计量标准仲裁检定后的数据为准。

《计量法》规定：省级以上人民政府计量行政主管部门根据量值传递和计量监督的需要，统一规划和组织建立社会公用计量标准。

国务院计量行政主管部门组织建立的社会公用计量标准，以及省级人民政府计量行政主管部门组织建立的本行政区域内最高等级的社会公用计量标准，由国务院计量行政主管部门组织考核。省级人民政府计量行政主管部门组织建立的其他等级的社会公用计量标准，由省级人民政府计量行政主管部门组织考核。经考核合格，由组织考核的人民政府计量行政主管部门颁发社会公用计量标准证书，方可使用。

2. 部门计量标准

《计量法》规定：国务院有关主管部门和省级人民政府有关主管部门，根据本部门的特殊需要，可以建立本部门使用的计量标准，其各项最高计量标准经同级人民政府计量行政主管部门组织考核。经考核合格，由组织考核的人民政府计量行政主管部门颁发计量标准证书后，方可使用。

3. 被授权单位计量标准

《计量法》规定：执行人民政府计量行政主管部门计量授权任务的计量技术机构建立的各项计量标准，由授权的人民政府计量行政主管部门组织考核。经考核合格，由组织考核的人民政府计量行政主管部门颁发计量标准证书，方可使用。

4. 校准机构计量标准

《计量法》规定：向社会提供计量校准服务的计量技术机构建立的最高计量标准，由当地省级人民政府计量行政主管部门组织考核。经考核合格，由组织考核的人民政府计量行政主管部门颁发计量标准证书，方可使用。

二、量值传递与量值溯源关系

（一）定义

（1）量值传递：指通过对测量仪器的校准或检定，将国家测量标准所实现的单位量值同各等级的测量标准传递到工作测量仪器的活动，以保证测量所得的量值准确一致。

（2）量值溯源：指通过文件规定的不简短的校准链，测量结果与参照对象联系起来的特性，校准链中的每项校准均会引入测量不确定度。

（二）相互关系

量值传递和量值溯源是同一过程的两种不同的表达，其含义就是把每一种可测量的量从国际计量基准或国家计量基准复现的量值同检定或校准，从准确度高到低地向下一级计量标准传递，直到工作计量器具。

量值传递是自上而下逐级传递。在每一种量的量值传递关系中，国家计量基准只允许有一个。

量值溯源是一种自下而上的自愿行为，溯源的起点是计量器具测得的量值即测量结果或计量标准所指示或代表的量值，同工作计量器具、各级计量标准直至国家基准。溯源的途径允许逐级或越级送往计量技术机构检定或校准，从而将测量结果与国家计量基准量值相联系，但必须确保溯源的链路不能间断。作为某一个量的定值依据的国家计量基准或国家计量基准就是这个量值的源头，是准确度的最高点。生产、生活和科学实验中获得量值的工作计量器具由计量标准校准，各级计量标准再向上送校，直至源头，构成了这个量值的一条不间断的校准链，从而使用工作计量器具所得到的测量值，通过这样一条间断的链与国家计量基准或国际计量基准联系起来，即实现量值溯源。

第二节 计量检定管理

一、计量检定的原则

计量器具的检定又称测量仪器的检定（简称计量检定或检定），是指查明和确认计量器具符合法定要求的活动，它包括检查、加标记和/或出具检定证书。

根据此定义，计量检定就是为评定计量器具的计量性能是否符合法定要求，确定其是否合格所进行的全部工作。它是计量检定人员利用计量基准、计量标准对新制造的、使用中的、修理后的和进口的计量器具进行一系列实际操作，以判断其准确度等计量特性是否符合法定要求，是否可供使用。因此，计量检定在计量工作中具有非常重要的作用。计量检定具有法制性，其对象是法制管理范围内的计量器具。它是进行量值传递或量值溯源的重要形式，是保证量值准确一致的重要措施。是计量法制管理的重要环节。

根据《计量法》及相关法规和规章的规定，实施计量检定应遵循以下原则：

（1）计量检定活动必须受国家计量法律、法规和规章的约束，按照经济合理的原则、就地就近进行。经济合理是指计量检定、组织量值传递要充分利用现有的计量设施，合理地布置检定网点。"就地就近"进行检定，是指组织量值传递不受行政区划和部门管辖的限制。

（2）从计量基准到各级计量标准直到工作计量器具的检定，必须按照国家计量检定系统表的要求进行。国家计量检定系统表由国务院计量行政部门制定。

（3）对计量器具的计量性能、检定项目、检定条件、检定方法、检定周期以及检定数据的处理等，必须执行计量检定规程。国家计量检定规程由国务院计量行政部门制定。没有国家计量检定规程，由国务院有关主管部门或省、自治区、直辖市人民政府计量行政

163

部门分别制定部门计量检定规程和地方计量检定规程，并向国务院计量行政部门备案。

（4）检定结果必须做出合格与否的结论，并出具证书或加盖印记。计量检定包括检查、加标记和（或）出证书的全过程。检查一般包括计量器具外观的检查和计量器具计量特性的检查等。计量器具计量特性的检查，其实质是把被检定的计量器具的计量特性是否在计量检定规程规定的允许范围内。

（5）从事检定的工作人员必须是经考核合格，并持有有关计量行政部门颁发的检定员证。

二、计量检定的人员管理

根据《中华人民共和国计量法》《中华人民共和国计量法实施细则》《计量检定人员管理办法》等国家计量法律法规和《中国石油天然气股份公司计量管理办法》，计量检定人员应具备相应的上岗资质并履行相应的职责。

（一）计量检定人员的资格

（1）具备中专（含高中）或相当于中专（含高中）毕业以上文化程度；

（2）连续从事计量专业技术工作满1年，并具备6个月以上本项目工作经历；

（3）具备相应的计量法律法规以及计量专业知识；

（4）熟练掌握所从事项目的计量检定规程等有关知识和操作技能；

（5）经有关组织机构依照计量检定员考核规则等要求考核合格，取得《计量检定员证》或《注册计量师注册证》。

（二）计量检定人员的权利

（1）在职责范围内依法从事计量检定活动；

（2）依法使用计量检定设施，并获得相关技术文件；

（3）参加本专业继续教育。

（三）计量检定人员的义务

（1）依照有关规定和计量检定规程开展计量检定活动，恪守职业道德；

（2）保证计量检定数据和有关技术资料的真实完整；

（3）正确保存、维护、使用计量基准和计量标准，使其保持良好的技术状况；

（4）承担质量技术监督部门委托的与计量检定有关的任务；

（5）保守在计量检定活动中所知悉的商业秘密和技术秘密。

（四）计量检定人员的法律责任

（1）计量检定人员出具的计量检定证书，用于量值传递、裁决计量纠纷和实施计量监督等，具有法律效力。

（2）任何单位和个人不得要求计量检定人员违反计量检定规程或者使用未经考核合格的计量标准开展计量检定；不得以暴力或者威胁的方法阻碍计量检定人员依法执行任务。

（3）未取得计量检定人员资格，擅自在法定计量检定机构等技术机构中从事计量检定活动的，由县级以上地方质量技术监督部门予以警告，并处 1 千元以下罚款。

（4）计量检定人员不得有下列行为：

①伪造、篡改数据、报告、证书或技术档案等资料；

②违反计量检定规程开展计量检定；

③使用未经考核合格的计量标准开展计量检定；

④变造、倒卖、出租、出借或者以其他方式非法转让《计量检定员证》或《注册计量师注册证》。

违法上述规定，构成违法行为的，依照有关法律法规追究相应责任。

三、计量检定印、证管理

计量检定印、证是评定计量器具的性能和质量是否符合法定要求的技术判断，是评定该计量器具检定结果的法定结论，是整个检定过程中不可缺少的重要环节。

（一）计量检定印、证种类

（1）检定证书：以证书形式证明计量器具已经过检定，符合法定要求的文件。

（2）检定结果通知书（又称检定不合格通知书）：证明计量器具不符合有关法定要求的文件。

（3）检定合格证：证明检定合格的证件。

（4）检定合格印：证明计量器具经过检定合格而在计量器具上加盖的印记。例如，在计量器具上加盖检定合格印（鉴印、喷印、钳印、漆封印）或粘贴合格证标签。

（5）注销印：经检定不合格，注销原检定合格的印记。

（二）计量检定印、证管理

计量检定印、证的管理，必须符合《计量检定印、证管理办法》及有关国家计量检定规程和规章制度的规定。计量器具的检定结论不同，使用的检定印、证也不同。

1. 检定证书

计量器具经检定合格的，由检定单位按照计量检定规程的规定出具《检定证书》《检定合格证》或加盖检定合格印。

2. 检定结果通知书

计量器具经周期检定不合格的，由检定单位出具《检定结果通知书》（或《检定不合格通知书》），或注销原检定合格印、证。

3. 证书要求

《检定证书》或《检定结果通知书》必须字迹清楚，数据无误，内容完整，有检定、核验、主管人员签字，并加盖检定单位印章。

4. 印证管理

计量检定印、证应有专人保管，并建立使用管理制度。检定合格印应清晰完整。残缺、磨损的检定合格印，应立即停止使用。

5. 处罚

对伪造、盗用、倒卖强制检定印、证的，没收其非法检定印、证和全部违法所得，可并处罚款；构成犯罪的，依法追究刑事责任。

四、计量检定、校准和检测

（一）定义

（1）检定：是指查明和确认计量器具符合法定要求的活动，它包括检查、加标记和/或出具检定证书。

（2）校准：在规定条件下的一组操作，其第一步是确定由测量标准提供的量值与相应示值之间的关系，第二步则是用此信息确定由示值获得测量结果的关系，这里测量标准提供的量值与相应示值都具有测量不确定度。

（3）检测：对给定产品，按照规定程序确定某一种或多种特性、进行处理或提供服务所组成的技术操作。

（二）计量检定的分类

1. 按照管理环节分类

（1）首次检定：对未曾检定过的计量器具进行的一种检定。这类检定的对象仅限于新生产或新购置的没有使用过的计量器具。其目的是为确认新的计量器具是否符合法定要求，符合法定要求的才能投入使用。

（2）后续检定：计量器具首次检定后的任何一种检定，包括强制性周期检定、修理后检定和周期检定有效期内的检定。

后续检定的对象如下：已经过首次检定，使用一段时间后，已到达规定的检定有效期的计量器具；由于故障经修理后的计量器具；虽然在检定有效期内，但用户认为有必要重新检定的计量器具；原封印由于某种原因失效的计量器具。

后续检定的目的是检查和验证计量器具是否仍然符合法定要求，符合要求才准许继续使用，以保证使用中的计量器具是满足法定要求。

①周期检定：指按时间间隔和规定程序，对计量器具定期进行的一种后续检定。

②修理后检定：指使用中经检定不合格的计量器具，经修理人员修理后，交付使用前所进行的一种检定。

③周期检定有效期内的检定：是指无论是由顾客提出要求，还是由于某种原因使有效期内的封印实效等原因，在检定周期的有效期内再次进行的一种后续检定。

2. 按照管理性质分类

1）强制检定

强制检定是指对于列入强制管理范围内的计量器具由政府计量行政部门指定的法定计量检定机构或授权的计量技术机构实施的定点定期的检定。

强制检定的对象包括两类。一类是计量标准器具，它们是社会公用计量标准器具，部门和企业、事业单位使用的最高计量标准器具。另一类是工作计量器具，它们是列入《中华人民共和国强制检定的工作计量器具目录》，并且必须是在贸易结算、安全防护、医疗卫生、环境监测、资源保护、法定评价、公正计量方面使用的工作计量器具。

2）非强制检定

在所有依法管理的计量器具中除了强制检定的以外，其余计量器具的检定都是非强制检定。这类检定不是政府强制实施，而是由使用者依法自己组织实施。

（三）检定、校准、检测原始记录

在依据规程、规范、大纲、规则等技术文件规定的项目和方法进行检定、校准或检测时应将检定、校准、检测对象的名称、编号、规格型号、原始状态、外观特征，测量过程中使用的仪器设备，检定、校准或检测的日期和人员、当时的环境参数值，计量标准器提供的标准值和所获得的每一个被测数据，对数据的计算、处理，以及合格与否的判断，测量结果的不确定度等一一记录下来，这些记录的信息都是在实验当时根据真实的情况记录的，是每一次检定或校准或检测的最原始的信息，这就是检定、校准和检测的原始记录。

1. 原始记录必须满足的要求

（1）真实性要求

原始记录必须是记录当时产生记录，不能事后追记或补记，也不能以重新抄过的记录代替原始记录。必须记录客观事实、直接观察到的现象、读取的数据，不得虚构记录，伪造数据。

（2）信息量要求

原始记录必须包含足够的信息，包括各种影响测量结果不确定度的因素在内，以保证检定或校准或检测实验能够在尽可能与原来接近的条件下复现。例如使用的计量标准器具和其他仪器设备，测量项目，测量次数，每次测量的数据，环境参数值，数据的计算处理过程，测量结果的不确定度及相关信息，检定、校准、检测和核验、审核人员等。

2. 注意事项

1）记录格式

原始记录不应记在白纸，或只有通用格式的纸上。应为每一种计量器具或测量仪器的检定（或校准、检测）分别设计适合的原始记录格式。原始记录的格式要满足规程或规范等技术文件的要求。

2）记录识别

每一种记录格式应有记录格式文件编号，同种记录的每一份上应有记录编号，同一份记录的每一页应有共×页、第×页的标识，以免混淆。

3）记录信息

应包括记录的标题，即"××计量器具检定（或校准、检测）记录"；被测对象的特征信息，如名称、编号、型号、制造厂、外观检查记录等；检定（或校准、检测）的时间、地点；依据的技术文件名称、编号；使用的计量标准器具和配套设备信息，如设备名称、编号、技术特征、检定或校准状态、使用前检查记录；检定（或校准、检测）的项目，每个项目每次测量时计量标准器提供的标准值或修正值、测得值、平均值、计算出的示值误差等；如经过调整要记录调整前后的测量数值；测量时的环境参数值，如温度、湿度等；由测量结果得出的结论，关于结果数据的测量不确定度及其包含概率或包含因子的说明；以及根据该记录出具证书（报告）的证书（报告）编号等。

记录的信息要足够，要完整，不能只记录实验的结果数据（如示值误差），不记录计量标准器的标准值和被测仪器示值以及计算过程。

4）书写要求

记录要使用墨水笔填写，不得用铅笔或其他字迹容易擦掉或变模糊的笔。书写应清晰明了，使用规范的阿拉伯数字、中文简化字、英文和其他文字或数字。记录的内容不得随意涂改，当发现记录错误时，只可以划改，不得将错误的部分擦除或刮去，应用一横杠将错误划掉，在旁边写上正确的内容，并由改动的人在改动处签名或签名缩写，以示对改动负责。如果是使用计算机存储的记录，在需要修改时，也不能让错误的数据消失，而应采取同等的措施进行修改。只有仪器设备与计算机直接相连，测量数据直接输入计算机的情况，可以计算机存储的记录作为原始记录。如果由人工将数据录入计算机的，应以手写的记录为原始记录。

5）人员签名

原始记录上应有各项检定、校准、检测的执行人员和结果的核验人员的亲笔签名。如果经过抽样的话还应有负责抽样的人员签名。测量结果直接输入计算机的原始记录，可以使用电子签名。

6）保存管理

由于原始记录是证书、报告的信息来源，是证书、报告所承担法律责任的原始凭证，因此原始记录要保存一定时间，以便有需要时追溯。应规定原始记录的保存期，保存期的长短根据各类检定、校准、检测的实际需要，由各单位的管理制度规定。在保存期内的原始记录要安全妥善地存放，防止损坏、变质、丢失，要科学地管理，可以方便地检索，同时要做到为顾客保密，维护顾客的合法权益。超过保存期的原始记录，按管理规定办理相关手续后给予销毁。

（四）检定、校准、检测数据处理和结果

1. 数据处理

在检定、校准或检测实验中所获得的数据，应遵循所依据的规程、规范、大纲或规则等方法文件中的要求和方法进行处理，包括数值的计算、换算和计算结果的修约等。

2. 检定结果的评定

按照所依据的检定规程的程序经过对各项法定要求的检查，包括对示值误差的检查和其他计量性能的检查，判断所得到的结果与法定要求是否符合，全部符合要求的结论为"合格"，且根据其达到的准确度等级给以符合×等或×级的结论。凡检定结果合格的必须按《计量检定印、证管理办法》出具检定证书或加盖检定合格印；不合格的则出具检定

结果通知书。

3. 校准结果的评定

校准得到的结果是测量仪器或测量系统的修正值或校准值，以及这些数据的不确定度信息。校准结果也可以是反映其他计量特性的数据，如影响量的作用及其不确定度信息。对于计量标准器具的追溯性校准，可根据国家计量检定系统表的规定做出符合其中哪一级别计量标准的结论。对一般校准服务，只要提供结果数据及其测量不确定度即可。校准结果，可出具校准证书或校准报告。如果顾客要求依据某技术标准或规范给以符合与否的判断，则应指明符合或不符合该标准或规范的哪些条款。

4. 检定、校准、检测结果的核验

核验是指当检定、校准、检测人员完成规程、规范规定的程序后，由未参与操作的人员，对整个实验过程进行的审核。核验人员应不低于操作人员所需资格，并且对该项目检定、校准程序熟悉程度不差于操作人员。核验是检定、校准、检测工作中必不可少的一环，是保证结果准确可靠的一项重要措施。

核验工作的主要内容如下：

（1）对照原始记录检查被测对象的信息是否完整、准确。

（2）检查依据的规程、规范是否正确，是否为现行有效版本。

（3）检查使用的计量标准器具和配套设备是否符合规程、规范的规定，是否经过检定、校准并在有效期内。

（4）检查规程、规范规定的或顾客要求的项目是否都已完成。

（5）对数据计算、换算、修约进行验算。

（6）检定规程规定要复读的，负责复读。

（7）检查结论是否正确。

（8）如有记录的修改，检查所做的修改是否规范，是否有修改人签名或盖章。

（9）检查证书、报告上的信息，特别是测量数据、结果、结论，与原始记录是否一致。如证书中包含意见和解释时，内容是否正确。

核验中，如果对数据或结果有怀疑，应进行追究，查清问题，责成操作人员改正，必要时可要求重做。

经过核验并消除了错误，核验人员在原始记录和证书（或报告）上签名。

五、计量检定资料管理

（一）计量资料

计量资料包括计量管理资料和计量数据资料。计量管理资料应具备完整性和有效性，计量数据资料应具备准确性和可追溯性。

1. 计量管理资料

（1）国家计量法律、法规的有效文本。

（2）上级主管部门和本单位制定的规章制度的有效文本。

（3）计量标准、规程、规范的有效文本。

（4）现有计量检定人员基本情况统计表和相关资质。

（5）在用计量器具分类统计台账。

（6）工作计量器具周期检定（校准）计划。

（7）标准（工作）计量器具周期送检计划。

（8）标准（工作）计量器具送检记录。

（9）送检计量器具计量检定（校准）证书，检定结果通知书，至少保存 2 个周期。

（10）计量器具故障处理记录。

（11）计量器具回收台账。

（12）计量器具停用（报废）统计表。

（13）仪表班备品备件台账。

（14）仪表班工具台账。

2. 计量数据资料

（1）计量器具检定（校准）记录。

（2）计量器具的检查、维护、保养和运行记录。

注：各类计量资料的保存，除法律、法规和规章制度、标准规范以及现场原始资料需保存纸质资料外，其余均可保存电子文档。

（二）计量数据资料的录取

1. 数据录取

计量数据的录取应及时、准确和完整。

2. 记录

原始记录不得涂改，对错填数据的修改方法：在错误的数据上画两横杠，将正确的数据填写在错误数据上方。

3. 数据读取

计量数据读取方法：数字显示仪表直接读数；刻度仪表读到仪表最小分度值的十分之一，尾数应为最小分度值的倍数。

（三）计量数据资料的核验和签认

各种计量器具检定（校验）记录必须进行核验和签认。

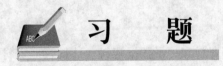

习　　题

一、简答题

1. 计量基准、标准的建立原则是什么？

2. 计量检定应遵循哪些原则？

3. 量值传递和量值溯源的关系是什么？

4. 计量检定的分类方法和种类有哪些？

5. 计量检定人员的主要职责有哪些？

6. 计量检定印、证有哪几种？

7. 计量检定印、证的管理要求是什么？

8. 计量资料有哪些？

9. 简述计量数据的管理要求。

参 考 文 献

[1]　刘常满. 温度测量与仪表维修（修订本）. 北京：中国计量出版社出版，2000.

[2]　张华，赵文柱. 热工测量仪表. 北京：冶金工业出版社，2006.

[3]　纪纲. 流量测量仪表应用技巧. 北京：化学工业出版社，2012.

[4]　苏荣跃，李万俊. 天然气计量操作手册. 北京：石油工业出版社，2013.

[5]　中国计量测试学会组. 一级注册计量师基础知识及专业实务. 北京：中国质检出版社，2013.

[6]　潘丕武，张明. 天然气计量技术基础. 北京：石油工业出版社，2013.

[7]　国家质监检验检疫总局. GB 17820—2012 天然气 [S]. 北京：中国标准出版社，2012.

[8]　国家质量技术监督局. GB 18047—2000 车用压缩天然气 [S]. 北京：中国标准出版社，2000.

[9]　国家质监检验检疫总局. GB/T 19205—2008 天然气标准参比条件 [S]. 北京：中国标准出版社，2008.

[10]　国家质监检验检疫总局. GB/T 21446—2008 用标准孔板流量计测量天然气流量 [S]. 北京：中国标准出版社，2008.

[11]　国家发展和改革委员会. SY/T 6658—2006 用旋进旋涡流量计测量天然气流量 [S]. 北京：石油工业出版社，2006.

[12]　中国石油天然气股份有限公司西南油气田分公司. Q/SY XN0133—2001 天然气孔板流量计计算机系统校验方法 [S]. 北京：石油工业出版社，2001.

[13]　国家质监检验检疫总局. JJG 49—2013 弹簧管式精密压力表和真空表检定规程 [S]. 北京：中国标准出版社，2013.

[14]　国家质量技术监督局. JJG 52—2013 弹簧管式一般压力表、压力真空表和真空表检定规程 [S]. 北京：中国标准出版社，2013.

[15]　国家质监检验检疫总局. JJG 130—2011 工业用液体玻璃温度计检定规程 [S]. 北京：中国标准出版社，2011.

[16]　国家质监检验检疫总局. JJG 226—2001 双金属温度计检定规程 [S]. 北京：中国标准出版社，2001.

[17]　国家质监检验检疫总局. JJG 229—2010 工业铂、铜热电阻检定规程 [S] . 北京：中国标准出版社，2001.

[18]　国家质监检验检疫总局. JJG 351—1996 工作用廉价金属热电偶检定规程 [S]. 北京：中国标准出版社，1996.

[19]　国家质监检验检疫总局. JJG 365—2008 电化学氧测定仪检定规程 [S]. 北京：中国标准出版社，2008.

[20]　国家质监检验检疫总局. JJG 693—2011 可燃气体报警器检定规程 [S]. 北京：中国标准出版社，2011.

[21]　国家质监检验检疫总局. JJG 695—2003 硫化氢气体检测报警仪检定规程 [S]. 北

京：中国标准出版社，2003.

[22] 国家质监检验检疫总局. JJG 875—2005 数字压力计检定规程 [S]. 北京：中国标准出版社，2005.

[23] 国家质监检验检疫总局. JJG 882—2004 压力变送器检定规程 [S]. 北京：中国标准出版社，2004.

[24] 国家质监检验检疫总局. JJG 915—2008 一氧化碳检测报警器检定规程 [S]. 北京：中国标准出版社，2009.

[25] 国家质监检验检疫总局. JJF 1183—2007 温度变送器校准规范 [S]. 北京：中国标准出版社，2008.